Achtung, Mathematik!

*Ein Probleml(o)esebuch für mathematisch
Interessierte und Begabte ab 12*

Andreas Vohns (Hrsg.)

Mit Beiträgen von:

Steffen Brenner, Sarah Debus, Kathrin Goldbach, Michaela Hennrichs,

Florian Klein, Anne Lauber, Jennifer Mockenhaupt, Silvia Niederschlag,

Theo Overhagen, Verena Sadel, Anna-Theresa Schäfer, Sarah Schreiber,

Svenja Sessing, Alexander Wagner und Kathrin Wilhelm

Books on Demand · Norderstedt

Dieses Buch entstand im Rahmen des Kurses „Mathematik: Problemlösen" des Vereins zur Förderung hochbegabter Kinder und Jugendlicher Südwestfalen e.V. unter Mitwirkung der an diesem Kurs beteiligten Lehramtsstudierenden.

Obwohl wir dieses Buch sorgfältig Korrektur gelesen haben, schläft der Fehlerteufel nie, und so ersuchen wir die Leserinnen und Leser um Rückmeldung jeder Art von Fehler oder Irrtum oder sonstigen Anregungen an folgende E-mail Adresse: andreas@vohns.de

Bibliografische Information der Deutschen Nationalbibliothek
Die Deutsche Nationalbibliothek verzeichnet diese Publikation in der Deutschen Nationalbibliografie; detaillierte bibliografische Daten sind im Internet über http://dnb.d-nb.de abrufbar.

ISBN 978-3-8370-0373-4

© 2007 Andreas Vohns
Satz: KOMA-Script und LATEX
Umschlagabbildung: Unvollständige Penrose-Parkettierung, erstellt mit Bob – Penrose Tiling Generator and Explorer © by Stephen Collins, nachträglich koloriert, texturiert und belichtet.
Herstellung und Verlag: Books on Demand GmbH, Norderstedt.

| Alice: | „Würdest Du mir bitte sagen, wie ich von hier aus weitergehen soll?" |
| Grinsekatze: | „Das hängt zum großen Teil davon ab, wohin Du möchtest!" |

LEWIS CAROLL (Alice im Wunderland)

Inhaltsverzeichnis

Vorwort

Liebe Schülerinnen und Schüler,

vielleicht habt Ihr Euch ein bischen gewundert, dass ein Mathematikbuch mit einem Zitat aus dem Kinderbuch „Alice im Wunderland" beginnt. So abwegig ist das auf den zweiten Blick nicht: Der Autor LEWIS CARROLL (der eigentlich CHARLES LUTWIDGE DODGSON hieß) war Dozent für Logik und Mathematik in Oxford und hat in dem Buch eine Vielzahl kleiner logischer Spielereien und Rätsel eingebaut.

Das Zitat kann auch als Motto für den guten Problemlöser gelten: Bei einem logischen oder mathematischen Problem kann man nicht einfach losrechnen (loslaufen), man muss vorher wissen, wo man hin will.

In diesem Buch haben wir eine Reihe mathematischer Probleme, Spielereien und Rätsel für Euch zusammengestellt. Einige davon haben wir zusammen mit Schülerinnen und Schülern Eures Alters im Rahmen eines Kurses „Problemlösen" gemeinsam an der Universität Siegen bearbeitet.

In jedem Abschnitt findet Ihr Probleme, bei denen wir Euch nicht lange auf die Folter spannen und die Lösung sofort verraten. Wir geben uns dabei Mühe, nicht nur die Ergebnisse zu verraten, sondern auch, wie man eigentlich auf die Lösung kommt und wie man ähnliche Probleme lösen kann. Deswegen nennen wir dieses Buch auch ein „Problemlesebuch".

Bei den anderen Aufgaben sollt Ihr Euer frisch „erlesenes" Wissen erproben und selbst auf die Lösung kommen. Deswegen nennen wir das Buch ein „Problemlösebuch". Notfalls könnt Ihr aber hinten immer noch die richtige Lösung nachschlagen.

Viel Spaß beim Lesen, Tüfteln und (hoffentlich auch) Lösen wünschen

Steffen Brenner, Kathrin Goldbach, Michaela Hennrichs, Florian Klein, Anne Lauber, Jennifer Mockenhaupt, Silvia Niederschlag, Verena Sadel, Anna-Theresa Schäfer, Sarah Schreiber, Svenja Sessing, Andreas Vohns, Alexander Wagner und Kathrin Wilhelm

„Besonders begabte Schülerinnen und Schüler werden durch Beratung und ergänzende Bildungsangebote in ihrer Entwicklung gefördert."[1]

Liebe Eltern, liebe Lehrerinnen und Lehrer,

Dieser Satz aus Paragraph 2 des neuen nordrhein-westfälischen Schulgesetzes zeigt, wie aktuell das Thema „Hochbegabung" ist. Doch nicht nur bildungspolitisch ist dieses Problem brisant. Die Thematik „Hochbegabung" beschäftigt gegenwärtig viele Wissenschaftler, Psychologen, Lehrkräfte sowie Eltern und ist auch in der Öffentlichkeit zu einem viel diskutierten Thema geworden. Sie haben vielleicht festgestellt, dass wir den Begriff der „Hochbegabung" oder „mathematischen Hochbegabung" im Titel gemieden haben. Warum können Sie im zweiten Kapitel dieses Buches erfahren, welches sich speziell an betroffene Eltern und Lehrer/innen richtet und in dem wir die Hintergründe des Konzepts dieses Buches und des ihm zugrunde liegenden Förderkurses vorstellen möchten.

Wir haben das erste Kapitel dieses Buches bewusst nicht so geschrieben, als ob wir davon ausgehen könnten, dass unsere jungen Leserinnen und Leser Gleichaltrigen „um Jahre voraus" wären. Sehr vorsichtig gehen wir etwa mit mathematischen Notationsformen (z.B. Variablen) um, die Kinder bzw. Jugendliche diesen Alters normalerweise erst später in der Schule kennen lernen. Begabten und interessierten Schülerinnen und Schülern, die dem Schulunterricht ohnehin überdurchschnittlich gut folgen können, müssen und wollen wir keine „Nachhilfe" erteilen, sondern ihr Interesse für Mathematik fördern, indem wir ihren Blick auf ein breiteres Bild von Mathematik öffnen.

Im Anhang des Buches haben wir neben weiterführender Literatur auch einige Adressen und Internetadressen zusammengestellt, unter denen Sie weitere Hilfe/ Anregungen zum Umgang mit (Hoch-)Begabung bekommen können.

Eine gute Lektüre auch Ihnen wünschen

Sarah Debus, Theo Overhagen und Andreas Vohns

---

[1] Schulgesetz für das Land Nordrhein-Westfalen vom 15. Februar 2005; zuletzt geändert durch das Gesetz vom 27. Juni 2006, § 2 (11)

Kapitel 1

Für Euch: Mathematische Probleme – Zum Nachlesen und Selber-Lösen

1.1 Zum Einstieg: Probleme systematisch angehen

von Andreas Vohns

1.1.1 Allgemeine Tipps

Ein Problem zu lösen fällt umso leichter, je sorgfältiger man vor der eigentlichen Problemlösung sein Vorgehen plant. Das klingt vielleicht etwas altbacken und langweilig, aber es ist etwas dran: Man kann kaum erwarten, durch ein- oder zweimaliges Durchlesen einer Aufgabe bereits zur endgültigen Lösung zu gelangen. Dies gelingt einem in aller Regel gerade nicht[1]. Die Zeit, die man in die Planung investiert, ist also eine gute Investition, die sich spätestens bei der erfolgreichen Problemlösung auszahlt – auch wenn man manchmal viel lieber direkt drauflos rechnen möchte[2].

Die Planungsphase beginnt im Grunde in dem Moment, in dem man mit der Aufgabe zum ersten Mal konfrontiert wird. Schon hier ist Muße angeraten, es ist immer zu empfehlen, *die Aufgabe sorgfältig durchzulesen*.

Gerade bei solchen Problemen, die ihren Ursprung außerhalb der Mathematik haben, muss die Problemstellung zunächst oft präzisiert werden. Nicht selten wird erst dann wirklich klar, was überhaupt zu tun ist. Sobald man davon eine halbwegs präzise Vorstellung gewonnen hat, kann man sich auf wenigstens zwei Arten dem Problem nähern.

---

[1] Hoffentlich gelingt es euch nicht bei allen Aufgaben in diesem Buch, sonst hätten wir etwas falsch gemacht.

[2] Denkt an Alice und die Grinsekatze: Wer nicht weiss wohin, dem kann man auch nicht sagen, wo lang er gehen soll.

Zum einen sollte man alle mitgelieferten Informationen aufnehmen und versuchen, den Kern der Frage zu erfassen. Zum anderen muss man häufig eher technische Vorbereitungen für die eigentliche Problemlösung treffen. Diese können zum Beispiel in der Festlegung gewisser Bezeichnungen oder in der Auswahl und Darstellung von Spezialfällen liegen.

Erfahrene Problemlöser wie der Mathematiker GEORGE POLYA empfehlen, die Planung einer Aufgabe strukturiert anzugehen, man frage sich:

– Was ist *bekannt*?

– Was ist das *Ziel*?

– Welche *Hilfsmittel* könnte ich benutzen?

Frage 1: Was ist *bekannt*?

Bei Problem- und Logikaufgaben kann man sich auf zwei Arten von Informationen stützen: Zum einen hat man das vor Augen, was auf Grund der Aufgabenstellung bekannt ist, zum anderen bestimmte Vorkenntnisse im Kopf (Erfahrungen mit ähnlichen Aufgaben, Kenntnis bestimmter mathematischer Regeln und Sätze, etc.). Bei beidem kann man oftmals nicht davon ausgehen, dass einem alles wirklich Relevante sofort präsent ist.

Eine planvolle Beantwortung der Frage „Was ist *bekannt?*" setzt normalerweise voraus, dass man zunächst alle wichtigen Informationen aus der Aufgabenstellung herausarbeitet. Dies erfordert auch eine möglichst sorgfältige Analyse der genauen Formulierung der Aufgabe. Es ist auch hilfreich, alle relevanten Ideen schon einmal vorläufig zu Papier zu bringen (bevor man sie wieder vergisst).

Gut trainieren kann man diese Sammlung relevanter Informationen und Ideen, wenn man sich selbst ganz offene Aufgaben (sogenannte „Fermi-Aufgaben") stellt, z.B.:

– Wie viele Klavierstimmer gibt es in Berlin?

– Auf einer Autobahn ist ein Stau von 5 Kilometern Länge. Wie viele Menschen warten vermutlich im Stau?

Diese Aufgaben kann man natürlich nicht ganz präzise lösen, aber man kann Informationen sammeln und versuchen, diese übersichtlich zu strukturieren.

Bei dem Staubeispiel etwa:

- Wie lang ist ein Auto?
- Wie viele Menschen sind durchschnittlich in einem Auto unterwegs?
- Wie dicht können die Autos auf der Autobahn stehen, ohne das Unfälle vorprogrammiert sind?
- Was machen wir bei unserer Rechnung eigentlich mit den LKWs?

Da es im Normalfall (erst recht bei Fermi-Aufgaben) nicht möglich ist, die endgültige Lösung direkt und unmittelbar aus einer sorgfältigen Lektüre der Aufgabe abzuleiten, werden wir euch in diesem Buch verschiedene einfache Hilfsmittel zur Informationsverarbeitung vorstellen.

Die folgende Aufgabe verdeutlicht, wie wichtiug es sein kann, bereits beim Lesen der Aufgabenstellung gut aufzupassen:

> *Am Fachbereich Mathematik arbeiten momentan 16 Professoren. Es gibt zwei Professoren, die im selben Monat Geburtstag haben, aber das ist ja klar, wieso eigentlich?*

Welche Informationen können wir dem Aufgabentext entnehmen, welche nicht? Im Text steht etwa nicht: „Es gibt genau zwei Professoren, die im selben Monat Geburtstag haben". Es steht auch nicht dort „In jedem Monat haben zwei Profesoren Geburtstag".

Es steht nur dort, dass es mindestens einen Monat gibt, in dem mindestens zwei Professoren Geburtstag haben. Das ist „logisch" weil unser Jahr nur zwölf Monate hat. Schon bei 13 Professoren müsste es also einen Monat geben, in dem zwei Geburtstag haben, erst Recht bei 16 Professoren.

Frage 2: Welches *Ziel* wird verfolgt?

In dieser Phase muss man darüber nachdenken, was genau bezweckt werden soll, um eine Lösung zu finden; eine Behauptung nachzuweisen. Viele Schwierigkeiten, die beim Lösen von Aufgaben auftreten, beruhen darauf, dass man sich nicht darüber im Klaren ist, welches *Ziel* man ansteuert. Normalerweise sucht man die Gründe für sein Scheitern allerdings nicht an dieser Stelle.

Erneut kommt es darauf an, dass man sich die Aufgabe gründlich durchliest. Besonderes Augenmerk musst man auf mögliche Zweideutigkeiten oder eventuell missverständliche Aussagen richten (ganz ähnlich wie im Beispiel vorhin).

Zum Beispiel verbirgt sich hinter folgendem Kinderreim nicht wirklich eine Rechenaufgabe:

> Ich ging nach St. Ives im Morgengrauen
> und traf 'nen Mann mit sieben Frauen.
> Jede Frau trug sieben Sack',
> drin sieben Katzen huckepack.
> Sieben Kätzchen jede Katze hat.
> Kätzchen, Katzen, Säcke, Frauen,
> wie viele gingen nach St. Ives im Morgengrauen?

Nicht nur bei solchen Scherzfragen können Uneindeutigkeiten ins Spiel kommen. Ich könnte z.b. nach möglichst vielen verschiedenen (nach allen) Lösungen für folgende Aufgabe suchen:

Nenne mir drei Zahlen, deren Summe Neun ergibt!

Dabei komme ich zu unterschiedlich vielen Lösungen, je nachdem, ob ich (bewusst oder unbewusst) davon ausgehe, dass es drei verschiedene Zahlen sein müssen oder ob die Null erlaubt ist oder nicht, ob nur positive oder auch negative Zahlen gelten sollen. Stillschweigende Annahmen können die Lösung eines Problems völlig verhindern, wenn man etwas voraussetzt, was nicht nur nicht erforderlich, sondern sogar störend ist[3].

Frage 3: Welche *Hilfsmittel* könnte ich benutzen?

Viele Aufgaben fordern eine geradezu heraus, eine Zeichnung anzufertigen. Oft muss man zur Organisation des Bekannten auch noch auf andere Hilfsmittel wie Tabellen, treffende und zweckmäßige Bezeichnungen oder auf geschickt gewählte Symbole zurückgreifen.

In den folgenden Abschnitten werden wir euch immer wieder solche Hilfsmittel vorstellen. Ohne allzu viel vorwegnehmen zu wollen, mindestens die folgenden drei Hilfsmittel spielen fast immer eine Rolle:

---

[3] Ein gutes Beispiel dafür ist die Aufgabe zu den Campern und den Kannibalen in Abschnitt 1.2.

Bezeichnungen:	Wählt treffende Namen und Symbole!
Organisationsformen:	Ordnet euer Wissen! (Tabellen, Skizzen, Diagramme, Pfeilbilder,...)
Vereinfachungen:	Ersetzt die in der Aufgabe angesprochenen Figuren, Gegenstände oder Personen durch Dinge, mit denen ihr bequem hantieren könnt! Benötigt ihr wirkliche alle Informationen? Könnt ihr auf spezielle Eigenschaften der Figuren, Dinge oder Personen verzichten?

Diese Hilfsmittel allein werden euch natürlich nicht automatisch zum sicheren Erfolg führen, aber sie helfen euch, euch auf das Wesentliche zu konzentrieren.

Was euch dann noch fehlt, ist eine gute Idee. Zwei von diesen guten Ideen möchte ich im Folgenden etwas ausführlicher vorstellen, weitere gute Ideen lernt ihr dann in den anderen Abschnitten dieses Buches kennen.

1.1.2 Zwei gute Ideen: Rückwärtsarbeiten & Schubfachprinzip

Rückwärtsarbeiten

Ein Apfelsinenhändler unterhält sich nach Feierabend mit seiner Frau:
„Heute war ein ganz verrückter Tag. Ich hatte fünf Kunden. Jeder Kunde wollte genau eine Apfelsine mehr kaufen, als die Hälfte der Apfelsinen, die ich noch hatte. Zum Schluss hatte ich dann aber doch noch eine Apfelsine übrig."
Wie viele Apfelsinen hat er verkauft?

Im Mathematikunterricht sind viele Aufgaben *straight-forward*: Wenn eine Apfelsine 50 Cent kostet, was kosten dann fünf Apfelsinen? Man hat alle relevanten Daten gegeben und muss diese mit der korrekten Rechenoperation (hier: Malnehmen) verknüpfen, dann erhält man ohne Umweg direkt das Ergebnis. Bei der Aufgabe oben ist es umgekehrt: Wir kennen das Endergebnis (eine Apfelsine), wissen aber den Ausgangspunkt nicht (die Anzahl der verkauften Apfelsinen bzw. der Apfelsinen am Morgen).

Relativ einfach können wir herausbekommen, wie viele Apfelsinen der fünfte Kunde gekauft haben muss: Er kaufte eine Apfelsine mehr als die Hälfte. Nachher bleibt eine übrig. Also hat er drei Apfelsinen gekauft und eine Apfelsine blieb übrig[4]. Zweckmäßig halten wir das Ergebnis in einer Tabelle fest:

Kund-Nr.	Anzahl vorher	Kunde kauft ...	Anzahl nachher
5	4	3	1
4	?	?	4
⋮	⋮	⋮	⋮

Jetzt geht es analog weiter: Der vierte Kunde müsste sechs Apfelsinen gekauft haben, also waren es vorher zehn, dann muss der dritte Kunde zwölf gekauft haben, usw.; insgesamt ergibt sich:

Kund-Nr.	Anzahl vorher	Kunde kauft ...	Anzahl nachher
5	4	3	1
4	10	6	4
3	22	12	10
2	46	24	22
1	94	48	46

Wir sind der Lösung nun schon sehr nahe. Gefragt war nach der Anzahl der *verkauften* Apfelsinen. Die können wir aus der Tabelle auf zwei Arten bestimmen: Am Morgen hatte der Händler 94 Apfelsinen, am Abend noch eine Apfelsine, also hat er 93 verkauft. Oder: Wir addieren die verkauften Apfelsinen: $3 + 6 + 12 + 24 + 48 = 93$.[5]

---

[4] Zwei Apfelsinen kann er nicht gekauft haben, denn dann wären es vor ihm drei Apfelsinen gewesen, von denen man nicht genau eine mehr als die Hälfte kaufen kann. Größere Zahlen kommen erst Recht nicht in Frage, weil dann mehr Apfelsinen übrig bleiben müssten.

[5] Übrigens: Die Anzahl der Apfelsinen vor einem Kunden kann man in jeder Zeile als „1+ Anzahl der verkauften Apfelsinen in den Zeilen vorher" ausrechnen. Mit solchen Summen beschäftigen wir uns ausführlicher im Abschnitt 1.7.

Etwas weniger direkt vom Endpunkt zum Anfang kommt man bei Aufgaben folgender Art:

Der Koch eines kleinen Zeltlagers braucht für die Suppe, die er kochen will, genau sechs Liter Wasser. Er schickt eines der Mädchen los, sie soll die sechs Liter Wasser aus dem nahen Fluss holen. Doch er hat nur einen 9-Liter-Eimer und einen 4-Liter-Eimer ohne jegliche Markierungen. Wie muss da Mädchen vorgehen damit sie genau sechs Liter Wasser holt?

Hier ist auch das Endergebnis bekannt: In einem Eimer sollten sechs Liter sein. Das kann nicht der 4-Liter-Eimer sein, also ist es der 9-Liter-Eimer.

Man muss also drei Liter aus dem vollen 9-Liter-Eimer abkippen. Aber nicht irgendwo in die Landschaft, es soll ja genau abgemessen werden. Unser nächstes Teilziel ist also, dass im 4-Liter-Eimer Platz für genau drei Liter bleiben, die wir aus dem 9-Liter-Eimer in diesen einfüllen können, m.a.W. ist unser zweites Teilziel: Ein Liter müssen schon im 4-Liter-Eimer sein.

Wie kann man nun einen Liter mit dem 9-Liter-Eimer abmessen? Aus dem 9-Liter-Eimer müssen zuerst vier Liter heraus und dann noch einmal vier Liter. So bleibt ein Liter im 9-Liter-Eimer zurück. Den gießt man in den 4-Liter-Eimer. Jetzt füllt man den 9-Liter-Eimer erneut und kann exakt drei Liter in den 4-Liter-Eimer abgießen und der Koch bekommt seine sechs Liter Wasser für die Suppe.

Bei dieser Aufgabe kommt neben dem Rückwärtsarbeiten auch noch die Idee des *Zerlegens in Teilziele* zum Tragen. Auch diese Strategie kann bei vielen Aufgaben hilfreich sein.

Eine ganz ähnliche Aufgabe könnt ihr übrigens im Internet unter *http://www.vohns.de/milchkanne.html* interaktiv ausprobieren. Hier geht es darum, mit Hilfe dreier Gefäße von drei, fünf und acht Litern durch mehrmaliges Umfüllen vier Liter Milch abzumessen.

Schubfachprinzip

In einem regelmäßigen Fünfeck dürft ihr die Ecken entweder grün oder rot anmalen. Ich behaupte, dass man dann immer drei Punkte zu einem Dreieck verbinden kann, bei dem alle Ecken dieselbe Farbe haben. Man findet sogar eins, das gleichschenklig ist (also zwei gleich lange Seiten hat). Wie kommt das?

Erinnert ihr euch noch an die Aufgabe mit den Professoren und den Geburtstagen? Es mussten wenigstens zwei im selben Monat Gebburtstag haben, weil es mehr Professoren als Monate waren. Dieselbe Idee können wir bei dieser Aufgabe nutzen.

Zur besseren Übersicht erstellt man am Besten erst einmal eine Skizze:

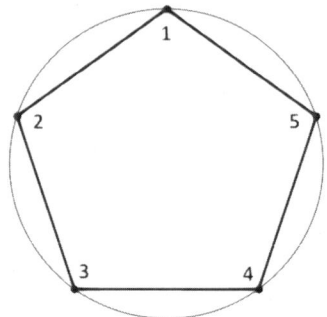

Wir bestimmen nun wieder Teilziele: Wann kann man überhaupt Dreiecke zeichnen? In der Ebene bilden drei Punkte immer ein Dreieck[6], also kann ich drei beliebige Ecken des Fünfecks immer zu einem Dreieck verbinden. Aber wieso habe ich auf jeden Fall drei gleichfarbige Punkte? Hier hilft nun unsere gute Idee: Wenn ich nur zwei Farben habe, aber fünf Punkte, muss ich wenigstens drei mit derselben Farbe markieren. Würde ich mit beiden Farben nur je zwei Punkte markieren, so hätte ich einen Punkt übrig. Es gibt also auf jeden Fall drei Punkte von einer Farbe und damit auch ein Dreick mit drei gleichfarbigen Ecken.

Die gute Idee nennt man Schubfachprinzip, weil man sich das Prinzip so vorstellen kann: Wenn ich eine bestimmte Anzahl von Schubfächern habe und eine bestimmte Anzahl von Gegenständen, die ich in diese Schubfächer einsortieren möchte, so landen wenigstens in einem Fach mehr als ein Gegenstand, wenn ich mehr Gegenstände als Fächer habe.

Beim Professorenbeispiel hatte ich zwölf Fächer (die Monate), aber 16 Gegenstände (die Geburtstage der Professoren). Hier habe ich zwei Fächer (die Farben) und fünf Gegenstände (die Ecken des Fünfecks). Es ist dann klar, dass in einem Fach mehr als 2 Gegenstände landen müssen.

---

[6] Drei Punkte liegen im Raum übrigens auch immer in einer Ebene. Hocker, die nur drei Beine haben, können deswegen auch nicht wackeln sondern höchstens eine schiefe Sitzfläche haben.

Und warum sind alle Dreiecke gleichschenklig? Jetzt komme ich auf die Skizze zurück. Im Grunde genommen treten nur zwei verschiedene Fälle auf:

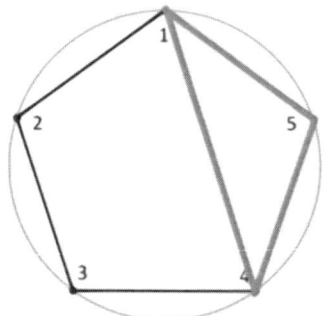 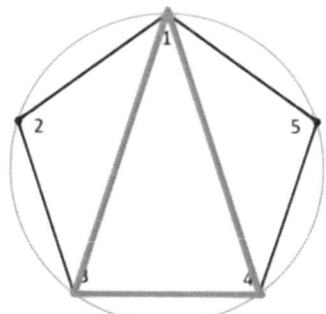

Ob die markierten Ecken alle rot oder alle grün sind, ist egal. Es gibt nur entweder das flachere Dreieck im linken Bild oder das spitzere im rechten Bild. Beide sind gleichschenklig: Einmal sind zwei der Dreiecksseiten auch Seiten des Fünfecks, einmal sind zwei der Dreiecksseiten die Diagonalen des Fünfecks. In beiden Fällen sind also zwei Seiten des Dreicks gleich lang. Alle anderen Fälle lassen sich durch Drehungen aus diesen beiden erzeugen[7].

Das Schubfachprinzip kann man in ganz verschiedenen Bereichen einsetzen, wie folgende Aufgabe verdeutlicht:

Unter sechs verschiedenen natürlichen Zahlen gibt es immer zwei, deren Differenz durch fünf teilbar ist.

Man ahnt hier schon, dass man sechs Gegenstände (Zahlen) und fünf Fächer haben könnte. Aber welche Fächer soll man nehmen? Dazu hilft folgende Überlegung: Eine Zahl kann man entweder durch fünf teilen, oder sie lässt beim Teilen durch fünf einen Rest. Dieser Rest kann 1, 2, 3, 4 aber nicht 5 oder mehr sein, denn dann könnte man die Fünf nochmal abziehen.

---

[7] Aus Ecke 1 wird Ecke 2, aus Ecke 3 wird Ecke 4 usw.

Wir beschriften unsere Fächer jetzt mit den fünf möglichen Resten 0, 1, 2, 3, 4. Wir legen jede Zahl in das passende Fach. In einem Fach liegen jetzt zwei Zahlen: Ich behaupte, bei diesen beiden Zahlen ist die Differnz durch fünf teilbar.
Machen wir ein Beispiel: Die Zahlen sind $3, 5, 7, 8, 9, 11$. Es ist:

$$3 = 0 \cdot 5 + 3$$
$$5 = 1 \cdot 5 + 0$$
$$7 = 1 \cdot 5 + 2$$
$$8 = 1 \cdot 5 + 3$$
$$9 = 1 \cdot 5 + 4$$
$$11 = 2 \cdot 5 + 1$$

Hier liegen also die Acht und die Drei im selben Fach. Wenn man die beiden voneinander abzieht, passiert Folgendes:

$$8 - 3 = 1 \cdot 5 + 3 - (0 \cdot 5 + 3) = 1 \cdot 5 + 3 - 0 \cdot 5 - 3 = 1 \cdot 5 - 0 \cdot 5 + 3 - 3 = 1 \cdot 5$$

Ich habe das absichtlich so umständlich ausgerechnet: Hätte ich nicht die Acht, sondern irgendeine andere Zahl gehabt, die beim Teilen durch fünf einen Rest von drei lässt, so wäre der letzte Teil ähnlich: Die beiden Dreien würden sich aufheben und es würde „irgendeine Zahl mal fünf" übrig bleiben. Wären beide Zahlen im Fach „+2" gelandet, hätten sich die beiden Zweien aufgehoben usw.; die Reste fallen also immer weg und was übrig bleibt ist durch fünf teilbar.

1.1.3 Aufgaben zum Weiterdenken

Aufgabe 1
Auf der Kirmes hat ein Mathematiker eine Schießbude mit ziemlich ungewöhnlichen Schießscheiben. Die Schießscheiben haben die Form eines gleichseitigen Dreiecks mit der Seitenlänge 20 cm. Der Schießbudenbesitzer macht ein noch ungewöhnlicheres Angebot:
„Ich wette mit jedem hier um tausend Euro, dass es keiner von Euch schafft, fünfmal hintereinander auf eine Scheibe zu schießen, so dass alle Schüsse Treffer sind und alle Treffer immer mehr als 10 cm von den anderen Treffern Abstand haben."
Kurz darauf wird er vom Ordnungsamt wegen unlauterer Geschäftmethoden verwarnt, warum?

Aufgabe 2

Dagobert legt sein Geld gewinnbringend an, wodurch es sich verdoppelt. Nachdem er einen Gulden ausgegeben hat, legt er das restliche Geld wieder an, wodurch es sich abermals verdoppelt. Nachdem er zwei Gulden ausgegeben hat, legt er das restliche Geld noch einmal an, wodurch es sich erneut verdoppelt. Nachdem er weitere vier Gulden ausgegeben hat, verbleiben ihm zwölf Gulden. Wie viele Gulden hatte er anfangs?

Aufgabe 3

Es war einmal ein alter Araber, der drei Söhne hatte. Sein Hauptbesitz waren 17 Kamele. Eines Tages verließen ihn langsam seine Kräfte und er schrieb ein Testament:

„Nach meinem Tode soll mein 1. Sohn die Hälfte der Kamele, mein 2. Sohn ein Drittel der Kamele und mein 3. Sohn ein Neuntel der Kamele bekommen. Es darf keines der kostbaren Tiere getötet werden!"

Er versiegelte das Testament und legte es beiseite. Ein paar Wochen später starb der Araber. Die Söhne ließen ihn trauernd beerdigen, nahmen das Testament und lasen es. Die Söhne waren jetzt noch trauriger, denn sie konnten den letzten Willen ihres Vaters nicht erfüllen. Wie sollten sie 17 Kamele durch zwei teilen?

Einige Zeit später kam ein Mathematiker zu ihnen, sie gaben ihm ein Zuhause und etwas zum Essen. Der Mann sah ihnen an, dass etwas nicht stimmte und fragte sie danach. Die Söhne erzählten ihm die ganze Geschichte und der Mathematiker sagte: „Trauert nicht, ich werde Euch morgen helfen." Die Nacht verging und der nächste Morgen brach an. Alle waren ganz gespannt. Der Mann stellte sein Kamel zu den anderen 17 und die Rechnung ging auf:

$18 : 2 = 9, 18 : 3 = 6, 18 : 9 = 2$

Nun wussten sie, wie sie die Kamele verteilen sollten. Der Mann nahm sein Kamel und ritt fort. Die Brüder zählten zusammen:

$9 + 6 + 2 = 17$

Erklärt dieses mathematische Wunder!

Aufgabe 4

Nach einer Sage setzte die böhmische Königin Libussa sich selbst zum Preis für denjenigen ihrer Freier aus, der das folgende Rätsel lösen konnte:

„Wenn ich aus einem Korb mit Pflaumen dem ersten Freier die Hälfte des Inhalts und noch eine Pflaume, dem zweiten die Hälfte des Rests und noch eine Pflaume, dem dritten die Hälfte des nunmehrigen Rests und noch 3 Pflaumen geben würde, dann wäre der Korb geleert."

1.2 Ist doch klar! Mathematik und Logik

von Sarah Schreiber und Svenja Sessing

Eine mögliche Definition von Logik ist folgende:

Unter Logik (griechisch: die denkende Kunst) wird heute im Allgemeinen eine Theorie verstanden, die sich mit den Normen des korrekten (Schluss-)Folgerns beschäftigt. Die Logik untersucht die Gültigkeit von Argumenten. Sie ist sowohl Teilgebiet der Philosophie als auch der Mathematik und der Informatik.[8]

Von dieser Definition ist für uns im folgenden Abschnitt vor allem wichtig, dass es sich bei einem Problem oder einer Aufgabe um eine Logikaufgabe handelt, wenn wir sie lösen können, indem wir vorgegebene Informationen sammeln und schrittweise neue Informationen schlussfolgern. Das korrekte Schlussfolgern ist ein wesentlicher Bestandteil von Logikaufgaben.

1.2.1 Lösen von Logikaufgaben

Manche vorgegebenen Informationen sind für die Aufgabe selbst nicht wichtig. Andere wiederum helfen uns die Lösung zu finden. Die Informationen, die man von der Aufgabe bekommt, müssen richtig geordnet und zusammengefügt werden. Dabei ist es sinnvoll schrittweise vorzugehen und sich wichtige Schritte aufzuschreiben, also nur das, was uns beim Lösen der Aufgabe wirklich hilft. Es ist sinnvoll sich an die Leitfragen (Was ist bekannt, was ist das Ziel, welche Hilfsmittel könnte ich einsetzen?) aus dem letzten Abschnitt zu halten.

Für das Lösen von Logik-Aufgaben gibt es nicht unbedingt ein wirklich festes Schema. Manche Aufgaben sind zwar ähnlich, aber es kommen immer wieder neue Aspekte hinzu. Deshalb muss man jedes Mal neu überlegen, wie man zu einer sinnvollen Darstellung und Lösung kommt. Dabei können uns folgende Überlegungen helfen:

- Wie können wir durch die Informationen, die wir vorgegeben haben, auf die Informationen kommen, die gesucht sind?

---

[8] Vgl.: www.wikipedia.de

12

– Mit welchen Darstellungsformen können wir uns die Informationen veranschaulichen?

Es gibt dabei wenigstens zwei grundsätzliche Lösungsstrategien zum Bearbeiten der Aufgaben: das Vorwärts- und das Rückwärtsarbeiten, sowie Kombinationen von beiden Möglichkeiten. Das Rückwärtsarbeiten kam bereits im letzten Abschnitt vor. Beim Vorwärtsarbeiten muss man zuerst schauen, was gegeben und was gesucht ist. Entsprechend ordnet man die Informationen an, um aus dem Gegebenen richtige Schlussfolgerungen für das Gesuchte zu ziehen.

Darstellungsformen zum Lösen von Logikaufgaben

Typische Darstellungsformen, die das Lösen der Aufgaben erleichtern, strukturieren und unterstützen, sind zum Beispiel Tabellen, Pfeildiagramme oder andere erläuternde Skizzen.

Tabellen: Es kann sinnvoll sein die gegebenen Informationen in einer Tabelle anzuordnen. Oft sieht man dann sofort welche Informationen oder Teilschritte noch zur Lösung benötigt werden. Durch Tabellen kann man mehrere Dinge in einer Darstellung miteinander kombinieren. (Bsp.: Lösung von Aufgabe 5 und 6)

Pfeildiagramme: Mit einem Pfeildiagramm kann man vor allem weniger komplexe Sachverhalte direkt miteinander in Verbindung setzen. Dadurch kann man die Lösung sehr schnell ablesen. (Bsp.: Lösung von Aufgabe 2 und 4)

Lösung von Logikaufgaben an Beispielen

Fangen wir mit einem einfachen Beispiel an:

Aufgabe 1: *In einer deutschen Großfamilie in der ersten Hälfte des 20. Jahrhunderts hatten die Eltern 7 Söhne. Jeder dieser Söhne hatte eine Schwester. Wie viele Kinder hatten die Eltern?*

Wer hier mit 14 antwortet, ist in die Falle getappt. Die Eltern hatten nämlich 8 Kinder, weil jeder der Söhne nur eine Schwester hat. Etwas mehr Hirnschmalz müssen wir für die nächste Aufgabe aufwenden:

Aufgabe 2: *Tina, Anna und Klara fahren in die Ferien. Eine fährt nach Südfrankreich, die andere in den Bayerischen Wald, die dritte an die Nordsee.*
Anna leiht sich von dem Mädchen, das in den Bayerischen Wald fährt, eine Schnorchelausrüstung. Die, die in den Bayerischen Wald fährt, und Klara fahren mit den Eltern in den Urlaub. Anna nimmt mehr Koffer mit in den Urlaub als die, die nach Südfrankreich fährt.
Welches Mädchen hat welches Urlaubsziel?

Diese Aufgabe lösen wir am Besten durch das Ausschlussverfahren, also indem wir feststellen, wer wohin sicher *nicht* fährt:
Anna fährt nicht in den Bayerischen Wald, denn sie leiht sich die Schnorchelausrüstung wohl kaum bei sich selbst aus.
Nach Südfrankreich fährt sie auch nicht, denn sie kann schlecht mehr Koffer mitnehmen als sie selbst.
Wir wissen also sicher, dass Anna an die Nordsee fährt. Bleibt zu klären, wer von den beiden anderen wohin fährt.
Da Klara nicht in den Bayerischen Wald fährt, muss Klara nach Südfrankreich fahren, damit bleibt für Tina nur noch der Bayrische Wald übrig.

Bei der nächste Aufgabe kommt es aufs genaue Lesen an:

Aufgabe 3: *Tim liest ein Tierlexikon: Alle Vögel legen Eier. Viele Vögel können fliegen. Einige Vögel, die fliegen können, können auch tauchen.*
Daraus zieht er folgende Schlüsse:
A) Ein Tier, das Eier legt und fliegen kann, ist ein Vogel.
B) Vögel, die Eier legen, können fliegen.
C) Vögel, die tauchen können, legen Eier.
D) Vögel, die tauchen können, können auch fliegen.
Welche der Aussagen treffen zu?

Diese Aufgabe kann man selbst dann lösen, wenn man außer den Informationen im Text nichts über Vögel wüsste.

Aussage A) ist falsch: Im Tierlexikon steht nur, dass alle Vögel Eier legen und viele fliegen können, über andere Tiere ist damir rein gar nichts gesagt (inhaltlich: insekten legen z.B. auch Eier und können fliegen).
Aussage B) ist auch falsch: Alle Vögel legen Eier, aber nicht alle Vögel fliegen sondern nur viele (Pinguine wären ein Beispiel nicht fliegender Vögel, die trotzdem Eier legen). Aussage C) ist richtig, weil alle Vögel Eier legen, also insbesondere auch diejenigen, die taucehn können.

Aussage D) ist falsch, weil zum Zusammenhang von tauchen und fliegen im tierlexikon nichts gesagt wird (Pinguine wären hier wieder ein inhaltliches Gegenbeispiel).

Bei den folgenden Aufgaben kommt man stets durch systematisches Aufschreiben bzw. das Anlegen einer Tabelle zum Ziel:

Aufgabe 4: *Die Klasse 6c hat an einem Mathematikwettbewerb teilgenommen. Einige Schüler vergleichen ihre Ergebnisse, wobei sie feststellen, dass keine zwei Schüler die gleiche Punktzahl erreicht haben. Sabine schnitt besser ab als Ralf, aber nicht so gut wie Ines. Kerstin war nur besser als Thomas. Ines hatte einen Punkt weniger als Michael. Thomas erreichte diesmal weniger Punkte als Ralf.*
Welche Rangfolge ergibt sich hieraus?

Hier kann man wieder sehr gut vorwärts arbeiten. Wir schreiben eine Schüler links vom anderen, wenn er besser in der Arbeit war und rechts vom anderen, wenn er schlechter war: Da Sabine (S) besser ist als Ralf (R), steht Sabine weiter links:

$$R - S$$

Sie ist nicht so gut wie Ines (I), also steht Ines links von ihr:

$$I - S - R$$

Ines hatte einen Punkt weniger als Michael (M), deshalb steht Michael links von ihr:

$$M - I - S - R$$

Thomas (T) hat weniger Punkte als Ralf, er steht also recht von ihm:

$$M - I - S - R - T$$

Kerstin (K) ist nur besser als Thomas, also steht sie links von ihm, aber rechts von allen anderen:

$$M - I - S - R - K - T$$

Damit ist das Problem gelöst.

Aufgabe 5: *Drei Camper werden im Wald von Kannibalen entführt. Der Häuptling der Kannibalen macht ihnen ein Angebot: „Ich habe drei rote und zwei blaue Mützen. Ihr werdet jetzt so an Pfähle gebunden, dass ihr hintereinander steht. Der Hinterste kann die Rücken von zweien von euch sehen, und der Mittlere nur den vom Vordermann. Jedem von euch ziehe ich eine Mütze auf, sodass ihr sie nicht sehen könnt. Von da an darf keiner mehr ein Wort sprechen, außer es ist die Farbe seiner Mütze, die er auf dem Kopf hat. Hat der Sprecher Recht, lasse ich euch alle drei frei. Hat er Unrecht, essen wir euch alle zum Abendessen. Ihr habt bis heute Abend Zeit.“*
Spät am Abend, gerade noch rechtzeitig, ruft der vorderste Camper die Farbe seiner Mütze. Welche Farbe hat er genannt?

Hier ist es sinnvoll, sich zunächst anhand einer Tabelle einen Überblick über alle möglichen Fälle zu verschaffen:

	1	2	3	4	5	6	7
Vorne	R	R	R	B	B	R	B
Mitte	R	R	B	R	R	B	B
Hinten	R	B	R	R	B	B	R

Bei dieser Aufgabe tritt folgende Schwierigkeit auf: Wir (bzw. die Camper) können gar nicht genau herausbekommen, welche Spalte der Tabelle tatsächlich richtig ist, aber wir können herausbekommen, welche es sicher nicht sind:

Der Hintere sagt nichts, also muss einer der beiden vorderen eine rote Mütze aufhaben (Fall 7 fällt weg).

Der Mittlere sagt nichts, also kann der Vordere keine blaue Mütze aufhaben, weil der Mittlere sonst wüsste, dass er eine rote Mütze trägt, da ja der Hintere auch nichts gesagt hat (Fall 4 und 5 fallen weg).

Betrachtet man die übrigen Fälle, erkennt man, dass der Vordere nur eine rote Mütze tragen kann. Mehr muss er aber auch gar nicht wissen.

1.2.2 Logik und Sudoku

Was ist Sudoku?

Sudoku ist ein Logikrätsel. Es wurde 1986 in Japan populär. Erfunden wurde das Rätsel allerdings schon 1979 von dem Amerikaner Howard Garns unter dem Namen „NumberPlace". Im November 2004 wurde ein Sudoku auf der Rückseite der britischen Tageszeitung „The Times" abgedruckt und damit begann der weltweite Siegeszug des Sudoku.

	1			3	8	5		
	5							7
9	8		1				2	
			5	1				2
		9		3		4		
2			6	8				
	3				4		9	8
4						3		
	1	8	3			7		

Mittlerweile gibt es sogar ganze Bücher und Zeitschriften nur mit Sudokus, außerdem gibt es Computerspiele, Brettspiele und Handhelds, die sich nur mit Sudoku beschäftigen und viele weitere Varianten, die das Lösen eines Sudokus ermöglichen.

Das ursprüngliche Standard-Sudoku besteht aus 81 Kästchen, die als 9x9-Quadrat angeordnet sind. Dieses große Quadrat ist in neun 3x3-Quadrate unterteilt. In einige Kästchen sind die Zahlen von eins bis neun vorgegeben – in der Regel sind 22 − 36 von 81 Zahlen vorgegeben –, die meisten Kästchen sind aber leer. Das Standard-Sudoku hat sich zu immer mehr Formen weiterentwickelt, wie zum Beispiel zu den 16x16-Sudokus oder zu den Samurai-Sudokus.

Die Maximalzahl von Vorgaben, bei der ein Sudoku theoretisch noch mehrere Lösungen haben kann, liegt bei 77. Die Mindestzahl der Vorgaben, die für eine eindeutige Lösung nötig sind, ist bislang unbekannt, der Rekord liegt derzeit bei 17. Die Zahl der möglichen Lösungen für ein 9x9-Sudoku beträgt gewaltige 6.670.903.752.021.072.936.960.

Jedes Sudoku sollte so gestaltet sein, dass es ohne zu raten lösbar ist und nur eine richtige Lösung besitzt. Ein Sudoku wird gelöst in dem man Schritt für Schritt logische Schlüsse aus den bereits vorhandenen Zahlen zieht, um am Ende alle Kästchen mit Zahlen ausgefüllt zu haben. Diese Vorgehensweise zeichnet ein Sudoku als Logikrätsel aus.

	A	B	C	D	E	F	G	H	I
a		1		3	8	5			
b		5							7
c	9	8		1			2		
d				5	1				2
e		9		3		4			
f	2			6	8				
g		3			4		9	8	
h	4					3			
i		1	8	3			7		

Lösung:

6	4	1	7	2	3	8	5	9
3	2	5	9	6	8	1	4	7
9	8	7	1	4	5	6	2	3
8	6	3	4	5	1	9	7	2
1	5	9	2	3	7	4	8	6
2	7	4	6	8	9	5	3	1
7	3	6	5	1	4	2	9	8
4	9	2	8	7	6	3	1	5
5	1	8	3	9	2	7	6	4

Lösung:

13	16	15	8	12	2	11	9	7	14	10	4	1	6	5	3
5	11	7	2	14	8	10	16	13	6	3	1	9	12	4	15
14	4	1	10	6	5	3	7	9	15	8	12	13	16	2	11
3	9	6	12	4	15	1	13	16	11	5	2	8	7	14	10
15	6	8	9	13	7	12	14	11	4	1	5	3	10	16	2
7	1	3	11	8	10	9	5	15	13	2	16	6	4	12	14
2	5	12	14	16	1	4	6	8	3	9	10	15	11	13	7
10	13	4	16	2	11	15	3	6	12	14	7	5	1	8	9
8	14	16	4	10	6	13	1	12	2	15	9	11	3	7	5
11	2	13	7	3	9	14	12	1	5	4	6	10	8	15	16
9	15	10	1	11	4	5	8	3	7	16	14	12	2	6	13
6	12	5	3	7	16	2	15	10	8	13	11	4	14	9	1
1	8	14	15	5	3	7	11	4	16	12	13	2	9	10	6
16	10	9	6	15	13	8	4	2	1	7	3	14	5	11	12
12	3	11	13	9	14	16	2	5	10	6	8	7	15	1	4
4	7	2	5	1	12	6	10	14	9	11	15	16	13	3	8

Lösung:

Lösen von Sudokus

Die neun Spalten, Reihen und 3x3-Quadrate müssen mit den Zahlen von eins bis neun ausgefüllt werden. Dabei darf in jeder Spalte, in jeder Reihe und in jedem Quadrat jede Zahl nur einmal vorkommen. Zur Lösung muss man mehrere Strategien anwenden, bei denen man analytisch-systematisch vorgeht.

Zuerst durchsucht man am besten das Sudoku nach Konstellationen, die einem Kästchen eindeutig eine Zahl zuweisen. Diese Methode bezeichnet man auch als Scannen. Auf diese Weise lässt sich im ersten Sudoku auf der letzten Seite beispielsweise die 2 im Kästchen Gg finden.

Da in den Kästchen Hc und Id bereits eine 2 steht, ist die einzige Möglichkeit für die 2 in der Spalte G das Kästchen Gg. Im Weiteren kann man versuchen eine Reihe, eine Spalte oder ein 3x3-Quadrat vollständig auszufüllen. Hiermit sollte man bei circa 3 bis 4 fehlenden Zahlen beginnen.

Bei dem vollständigen Ausfüllen kann uns das Ausschlussverfahren helfen. Nachdem wir im Kästchen Gg die 2 eingetragen haben, fehlen in der Reihe g noch die Zahlen 1, 5, 6 und 7. Nun muss man überlegen, welche Zahl in welches Kästchen muss. Beginnt man mit seinen Überlegungen mit der Zahl 1, stellt man fest, dass in Bi eine 1 steht, womit in Ag und Cg keine 1 mehr stehen kann. Außerdem steht in Dc eine 1, so dass in Dg auch keine 1 mehr stehen kann. Das einzige mögliche Kästchen für die 1 ist somit Eg.

Durch die Kombination der beiden Strategien kann man das Sudoku nun weiter füllen. Wenn man gar nicht mehr weiter kommt, kann es helfen, die verschiedenen Möglichkeiten in die jeweiligen Kästchen zu schreiben, um so der Lösung schrittweise näher zu kommen.

Die Lösung von 16x16-Sudokus erfolgt auf die gleiche Weise, nur dass man hier 16 Zahlen statt nur 9 zur Auswahl hat. Bei den Samurai-Sudokus teilen sich immer zwei Sudokus ein 3x3-Quadrat. Gelöst werden muss jedes Sudoku für sich selbst, nach den vorgestellten Regeln. Für die Lösung der Quadrate, die sich zwei Sudokus teilen, kann jedes der beiden Sudokus aufschlussreich sein.

Erprobt Euer Können doch mal an folgenden Sudokus:

Ein relativ einfaches Sudoku:

					1	5		6
			6	2	8			
		1			4			
7							2	1
2		3				9		4
6	9							3
			1			3		
			7	8	5			
5		8	9					

Dieses ist erheblich schwieriger:

	6	3	1					
1						9	8	
7				2				
	4		7	8			2	1
8	7			5	6		4	
				3				6
	9	6						8
					4			

Ein Blick in die Geschichte

Ist Leonhard Euler der „Vater des Sudoku"?

In diesem Jahr könnte der berühmte Schweizer Mathematiker LEONHARD EULER (oben auf dem 10 Franken-Schein abgebildet) seinen 300ten Geburtstag feiern, deswegen haben seine heutigen Kollegen 2007 auch zum Euler-Jahr erklärt.

EULER war ungeheuer produktiv: Er verfasste über 850 Schriften und ein großer Teil der heute in der Analysis (bekommt ihr in der Oberstufe) üblichen Symbolik geht auf ihn zurück, z.B. auch die Schreibweise $f(x) = 3x + 5$ für Funktionen.

Neben seinen fachmathematischen Schriften schrieb EULER mit „Lettres à une princesse d'Allemagne"(Briefe an eine deutsche Prinzessin) ein der breiteren Öffentlichkeit zugewandtes, sehr erfolgreiches Buch, in dem er Grundzüge der Physik, der Astronomie, der Mathematik, der Philosophie und der Theologie vermittelt.

Man könnte ihn daher mit gewissem Recht als geistigen Vater solcher Werke wie HANS MAGNUS ENZENSBERGERS „Zahlenteufel" oder JOSTEIN GAARDERS „Sofies Welt" bezeichnen.

Als *Vater des Sudoku* kann man ihn nur bedingt bezeichnen: Er beschäftigte sich mit dem „carré latin"(Lateinischen Quadrat). Bei

21

diesem ist die Anzahl der Zeilen und Spalten gleich groß, ansonsten aber beliebig und es gilt, dass jedes Symbol in jeder Zeile und Spalte einmal vorkommen muss (s. unten). Erfunden hat er diese Quadrate aber nicht, man geht davon aus, dass sie bereits den Griechen des Altertums bekannt waren.

4	1	3	0	2
3	0	2	4	1
2	4	1	3	0
1	3	0	2	4
0	2	4	1	3

Ähnlich wie auch beim Sudoku muss man übrigens bei lateinischen Quadraten als Symbole keine Zahlen benutzen, man kann z.B. auch die Felder im oberen Quadrat einfach mit 5 verschiedenen Farben einfärben.

1.2.3 Aufgaben zum Weiterdenken

Aufgabe 1

Nach den Sommerferien bekommt die Klasse 7c neue Lehrer: Die Herren Hübner, Groß und Fuchs unterrichten die Fächer Mathematik, Deutsch, Englisch, Biologie, Kunst und Sport, jeder der Kollegen genau zwei Fächer. Über ihre neuen Lehrer wissen die Schüler:
Der Mathelehrer und der Sportlehrer fahren zusammen zur Schule.
Herr Hübner ist der jüngste der Kollegen.
Herr Fuchs spielt regelmäßig mit dem Mathelehrer Tennis.
Der Englischlehrer ist jünger als Herr Groß, aber älter als der Biologielehrer.
Der älteste Lehrer kommt zu Fuß zur Schule.
Welche Fächer unterrichten Herr Hübner, Herr Groß und Herr Fuchs?

Aufgabe 2

Ein Lehrer erzählt seinem Kollegen: „Meine Klasse hat 34 Schüler, 19 davon sind Jungen. 29 Schüler stehen im Schnitt Drei und besser. Von diesen sind 16 Jungen. 27 Schüler haben Religion. Von diesen sind 17 Jungen und 15 stehen Drei und besser. 13 Jungen stehen Drei und besser und haben Religion." Der Kollege unterrichtet zufällig Mathematik und stutzt. „Das geht doch gar nicht", denkt er und verläßt den Raum. Was meinst Du dazu?

Aufgabe 3

Äußerst komplexe Beobachtungen haben ergeben, dass der Planet Mars unbewohnt ist, bis auf zwei große Städte: Mars-Polis (deren Einwohner nie lügen) und Mars-City (deren Einwohner immer lügen). Die Marsmenschen bewegen sich frei von einer Stadt zur anderen. Manche Bewohner von Mars-Polis halten sich so in Mars-City auf und umgekehrt. Eines schönen Tages landen zwei amerikanische Astronauten in einer dieser beiden Städte. Sie wissen leider nicht in welcher. Ein Marsmensch nähert sich dem Raumschiff. Der erste Astronaut fragt ihn, ob sie sich in Mars-City befänden. „Nein", antwortet der Marsmensch, der vielleicht lügt, aber andererseits nur mit ja oder nein antworten kann. Der zweite Astronaut stellt ihm dann eine sehr listige Frage, die allein es ermöglicht, die Stadt zu ermitteln, in der sie gelandet sind.
Wie lautet die Frage?

Aufgabe 4

Sieben Personen, A, B, C, D, E, F und G diskutieren darüber, welcher Wochentag heute sei. Sie sagen folgendes:
A: Übermorgen ist Mittwoch.
B: Nein, heute ist Mittwoch.
C: Ihr liegt beide falsch, Mittwoch ist morgen.
D: Quatsch. Heute ist weder Montag, Dienstag noch Mittwoch.
E: Ich bin ziemlich sicher, dass gestern Donnerstag war.
F: Nein, gestern war Dienstag.
G: Alles, was ich weiß, ist, dass gestern nicht Sonnabend war.
Wenn nur eine Aussage richtig ist, an welchem Wochentag fand das Gespräch statt?

Aufgabe 5

Ein Drache hatte 1000 Köpfe. Ein Ritter konnte ihm mit einem Hieb 33, 21, 17 oder 1 Kopf abschlagen, wonach aber sofort 40, 0, 14 oder 10 Köpfe nachwuchsen (entsprechend der Zahl der abgeschlagenen Köpfe). Wenn aber der letzte Kopf abgeschlagen wurde, wächst keiner wieder nach. Kann der Ritter den Drachen besiegen?

Aufgabe 6

Unter bestimmten Umständen ist ein Sudoku selbst dann nicht eindeutig lösbar, wenn schon relativ viele Zahlen eingetragen sind.

a) Zeige, dass das untenstehende Sudoku mehr als eine Lösung besitzt.

b) Wie kann man das Sudoku durch möglichst wenige zusätzliche Eintragungen eindeutig lösbar machen?

3	8					4	9	7
1	2	5			9	6		
	7	4	6	8			2	1
4		3		7		8	6	
		1	8	3	2		5	4
	5		4	9	6			
6	3		2			1	4	
2		8	9	6		3	7	5
5		9		1			8	6

1.3 Zählen ohne wirklich zu Zählen: Kombinatorik

von Steffen Brenner und Jennifer Mockenhaupt

Was ist Kombinatorik? Das Wort kombinieren kennt ihr bestimmt? Es bedeutet soviel wie zusammenstellen oder logisch verknüpfen. In der Kombinatorik geht es genau darum; sie ist ein Teilgebiet der Mathematik, das sich mit dem geschickten Zählen beschäftigt. Dadurch können Kombinationsmöglichkeiten von Anordnungen oder Auswahlen bestimmt werden. Dabei muss man auch darauf achten, ob die Reihenfolge bei dem, was man anordnen möchte, eine Rolle spielt. Das machen die folgenden Aufgaben deutlich.

1.3.1 Ist die Reihenfolge wichtig oder nicht?

Aufgabe 1

Berechne die Anzahl der Möglichkeiten vier verschiedene Bilder unter 2 Personen so aufzuteilen, dass jeder der Beiden zwei Bilder erhält.

Um das Aufschreiben zu vereinfachen, bezeichnen wir die Bilder mit B_1, B_2, B_3 und B_4. Wie viele Möglichkeiten gibt es jetzt, die vier Bilder unter 2 Personen aufzuteilen? Wenn die erste Person B_1 und B_2 bekommt, muss die zweite B_3 und B_4 nehmen. Das ist die erste Möglichkeit. Jetzt behält die erste Person B_1 und bekommt B_3 dazu. Also erhält die zweite Person B_2 und B_4. Da das immer so weiter geht, schreiben wir die verschiedenen Möglichkeiten als Liste auf und zählen zum Schluss, wie viele es sind:

	Person 1	Person 2
1.	B_1 und B_2	B_3 und B_4
2.	B_1 und B_3	B_2 und B_4
3.	B_1 und B_4	B_2 und B_3
4.	B_2 und B_3	B_1 und B_4
5.	B_2 und B_4	B_1 und B_3
6.	B_3 und B_4	B_1 und B_2

Es gibt also 6 verschiedene Möglichkeiten die vier verschiedenen Bilder unter den 2 Personen aufzuteilen.

Aufgabe 2

Drei Mathebücher, drei Physikbücher und zwei Chemiebücher sollen auf ein Regal nebeneinander gestellt werden. Auf wie viele Arten kann man das tun, wenn Bücher mit dem gleichen Stoffgebiet nebeneinander gestellt werden sollen und alle Bücher verschieden sind.

Hier überlegt man sich zuerst, wie viele Möglichkeiten es gibt, die Fächer im Regal anzuordnen, weil ja immer die Bücher mit gleichem Stoffgebiet nebeneinander stehen sollen. Wir kürzen Mathe mit M, Physik mit P und Chemie mit C ab.

$$M-C-P, \quad M-P-C, \quad P-M-C, \quad P-C-M, \quad C-M-P, \quad C-P-M,$$

d.h. es gibt 6 verschiedene Möglichkeiten die Fächer anzuordnen.

Nun kann man aber auch die Bücher innerhalb der Fächergruppen auf unterschiedliche Weise aufstellen. Wir beginnen mit den Mathebüchern und zählen die Möglichkeiten:

$$M_1 - M_2 - M_3 \quad M_1 - M_3 - M_2 \quad M_2 - M_1 - M_3$$
$$M_2 - M_3 - M_1 \quad M_3 - M_1 - M_2 \quad M_3 - M_2 - M_1$$

Hier gibt es also auch 6 Möglichkeiten. Dasselbe gilt natürlich auch für die drei Physikbücher. Die zwei Chemiebücher kann man folgendermaßen anordnen:

$$C_1 - C_2 \quad C_2 - C_1$$

Hier gibt es nur 2 Möglichkeiten.

Weil man alle Möglichkeiten, die wir innerhalb eines Stoffgebietes bestimmt haben, miteinander kombinieren kann, multiplizieren wir die Zahlen:

$$6 \cdot 6 \cdot 6 \cdot 2 = 432$$

So haben wir ausgerechnet, dass es 432 verschiedene Möglichkeiten gibt, die Bücher auf dem Regal anzuordnen, wenn Bücher mit dem gleichen Stoffgebiet nebeneinander stehen sollen.

Wahrscheinlich habt ihr bemerkt, dass es einen Unterschied zur ersten Aufgabe gibt: Dort musste man nicht auf die Reihenfolge achten. Ob die erste Person Bild 1 und Bild 2 oder Bild 2 und Bild 1 bekommt macht keinen Unterschied. Hier spielt es aber sehr wohl eine Rolle, ob M_1 rechts oder links neben M_2 steht. Hier muss man also die Reihenfolge der Bücher beachten!

Aufgabe 3

Aus einer Gruppe von 5 Amerikanern, 3 Engländern und 2 Franzosen soll ein Viererkomitee zufällig ausgewählt werden.

a) *Wie viele Varianten enthalten nur Amerikaner?*

b) *Wie viele Varianten enthalten keinen Amerikaner?*

Wir hatten jetzt schon zwei Aufgaben, bei denen man sich überlegen musste ob die Reihenfolge wichtig ist oder nicht. Ist sie bei dieser wichtig? Nein ist sie nicht, weil es nur darauf ankommt welche Personen in dem Viererkomitee sind und nicht darauf, wer wann ausgewählt wurde. Um das Zählen der Möglichkeiten zu vereinfachen benennen wir die fünf Amerikaner mit A_1, A_2, A_3, A_4, A_5, die drei Engländer mit E_1, E_2, E_3 und die zwei Franzosen mit F_1, F_2. Nun schreiben wir uns die Möglichkeiten geschickt auf:

$a)$ A_1, A_2, A_3, A_4 A_1, A_2, A_3, A_5 A_1, A_2, A_4, A_5
  A_1, A_3, A_4, A_5 A_2, A_3, A_4, A_5

$b)$ E_1, E_2, E_3, F_1 E_1, E_2, E_3, F_2 E_1, E_2, F_1, F_2
  E_1, E_3, F_1, F_2 E_2, E_3, F_1, F_2

Es gibt also in beiden Fällen 5 Möglichkeiten.

Anhand dieser drei Aufgaben kann man sehr leicht sehen, dass die Reihenfolge bei der Bestimmung der Anzahl von Kombinationsmöglichkeiten verschiedener Gegenstände eine wichtige Rolle spielt.

1.3.2 Wie rechne ich am geschicktesten?

Aufgabe 1

a) Auf einer Party sind zwanzig Gäste. Zu Beginn stößt jeder mit jedem anderen Gast genau einmal an. Wie oft klingen zwei Gläser zusammen?

b) Auf einer anderen Party stößt ebenfalls jeder mit jedem anderen an. Man hört 66 mal Gläser klingen. Wie viele Gäste waren da?

c) Bei Haralds Geburtstagsparty behauptet sein Freund Stefan, dass die Gäste insgesamt 280 mal angestoßen haben, bis endlich jeder mit jedem angestoßen hatte. Harald glaubt das nicht. Wer hat Recht?

zu a):

Der erste Gast muss mit 19 Leuten anstoßen

Der zweite Gast nur noch mit 18 Leuten

...

Der 18te Gast nur noch mit 2 Leuten

Der 19te Gast nur noch mit einem

Der 20te Gast mit keinem mehr, da schon alle mit ihm angestoßen haben.

Nun haben wir die jeweilige Anzahl von Anstößen den Gästen zugeordnet und müssen sie jetzt nur noch möglichst geschickt addieren:

19	18	17	16	15	14	13	12	11	10
0	1	2	3	4	5	6	7	8	9
19	19	19	19	19	19	19	19	19	19

So hat man die unterschiedlichen Anstöße der Gäste in zehn „Päckchen" mit jeweils der gleichen Anzahl von Anstößen zusammengefasst, d.h. es klingen $10 \cdot 19 = 190$mal die Gläser.

Man kann das Ergebnis $10 \cdot 19$ auch direkt herausbekommen: Jeder Gast muss mit 19 anderen Gästen anstoßen. Wir kommen also zunächst auf $20 \cdot 19$. Hierbei haben wir aber nicht beachtet, dass wir jetzt „Gast 1 stößt mit Gast 2 an" und „Gast 2 stößt mit Gast 1 an" jeweils als eine eigene

Möglichkeit gezählt haben. Wir haben also jedes Gläserklingen doppelt gezählt, müssen also noch durch 2 teilen: $(20 \cdot 19)/2 = 190$.

zu b):

Wie ihr sicher merkt, muss man hier rückwärts rechnen. Das geht sehr leicht, wenn man sich deutlich macht, was bei zunehmender Anzahl von Gästen passiert.

Sind es zwei Gäste, so klingen einmal die Gläser $(0 + 1)$;
sind es drei Gäste, klingen dreimal die Gläser $(0 + 1 + 2)$;
sind es vier Gäste, klingen sechsmal die Gläser $(0 + 1 + 2 + 3)$.

Daraus können wir nun leicht eine Folge von Zahlen für das Klingen der Gläser aufstellen:

$$0 + 1 + 2 + 3 + 4 + 5 + 6 + 7 + 8 + 9 + \ldots + n,$$

wobei die letzte Zahl n jeweils eins weniger als die Anzahl der Gäste auf der Party ist und gleichzeitig die letzte Zahl in der Summe.

Wir müssen jetzt bestimmen, wann bei dieser Summe 66 als Ergebnis herauskommt.

$$0 + 1 + 2 + 3 + 4 + 5 + 6 + 7 + 8 + 9 + 10 + 11 = 66$$

Es waren somit 12 Gäste auf der Party:

zu c):

Um herauszubekommen wer von den beiden Recht hat brauchen wir nur zu prüfen, ob die Folge der Zahlen, die wir in Aufgabenteil b) aufgestellt haben, den Wert 280 annehmen kann. Aus Aufgabenteil a) wissen wir folgendes:

$$0 + 1 + 2 + 3 + \ldots + 17 + 18 + 19 = 190$$

Es fehlen also noch 90 Anstöße und die nächsten Zahlen sind 20, 21, 22, 23, die zusammen 86 ergeben. Da aber als nächste Zahl die 24 kommt und nicht die 4, kommen wir also nicht auf die 90 Anstöße. Harald hat also Recht.

Aufgabe 2

Auf jedem der beiden Felder eines Dominosteins gibt es $0, 1, 2, 3, 4, 5$
oder 6 Augen. Jede mögliche Kombination kommt **genau einmal** *vor,*
z.B.: $0 - 0$, $0 - 1$, $6 - 5$.
Aus wie vielen Dominosteinen besteht ein vollständiges Spiel?

Die Lösung dieser Aufgabe ist recht einfach, wenn man die Möglichkeiten
der verschiedenen Dominosteine geschickt auflistet:

$$
\begin{array}{cccccccc}
0 - 0 & 0 - 1 & 0 - 2 & 0 - 3 & 0 - 4 & 0 - 5 & 0 - 6 & 7 \\
 & 1 - 1 & 1 - 2 & 1 - 3 & 1 - 4 & 1 - 5 & 1 - 6 & 6 \\
 & & 2 - 2 & 2 - 3 & 2 - 4 & 2 - 5 & 2 - 6 & 5 \\
 & & & 3 - 3 & 3 - 4 & 3 - 5 & 3 - 6 & 4 \\
 & & & & 4 - 4 & 4 - 5 & 4 - 6 & 3 \\
 & & & & & 5 - 5 & 5 - 6 & 2 \\
 & & & & & & 6 - 6 & 1
\end{array}
\right\} \ 28
$$

Ein komplettes Spiel besteht aus 28 Dominosteinen.

Aufgabe 3

Bei einer einfachen Version von Mastermind muss man eine Farbkom-
bination erraten, die aus 3 Farben besteht. Dabei ist die Reihenfolge der
Farben wichtig! Es gibt die Farben rot, blau, gelb, orange und grün. Wie
viele unterschiedliche Möglichkeiten gibt es, für die zu erratende Kombi-
nation?

  a) *Wie viele verschiedene Farbkombinationen sind möglich, wenn jede*
      Farbe nur einmal vorkommen darf?

  b) *Wie viele verschiedene Farbkombinationen gibt es, wenn Farben*
      mehrmals vorkommen dürfen?

Um uns das rechnen einfacher zu machen kürzen wir die Farben mit den
folgenden Buchstaben ab: rot: r , blau: b , gelb: g , orange: o , grün: gr.

zu a)

r, b, g r, g, b g, r, b g, b, r b, g, r b, r, g 6 Möglichkeiten

Es gibt also für drei unterschiedliche Farben sechs verschiedene Kombinationsmöglichkeiten. Jetzt müssen wir nur noch überlegen wie viele Möglichkeiten es gibt drei unterschiedliche Farben zu haben.

r, b, o r, b, gr r, g, o r, g, gr r, o, gr b, g, o

b, g, gr b, o, gr g, o, gr

Das sind weitere neun Möglichkeiten für drei verschiedene Farben, die man bekommen kann. Es gibt damit zehn Möglichkeiten, die wiederum jeweils sechs Anordnungsmöglichkeiten haben. Um die gesamten Möglichkeiten zu bekommen müssen wir nur noch zehn mal sechs rechnen: $10 \cdot 6 = 60$.

zu b):

Da jetzt eine Farbe mehrmals vorkommen darf, zählen wir zuerst die Möglichkeiten, dass eine Farbe dreimal genommen wurde:

r, r, r b, b, b g, g, g o, o, o gr, gr, gr 5 Möglichkeiten

Außerdem kann eine Farbe zweimal vorkommen.

r, r, b r, b, r b, r, r r, r, g r, g, r g, r, r

r, r, o r, o, r o, r, r r, r, gr r, gr, r gr, r, r

Das sind 12 Möglichkeiten für eine Farbe, also $12 \cdot 5 = 60$ Möglichkeiten. Dazu kommen noch die Kombinationsmöglichkeiten, die wir im Teil a) ausgerechnet haben. Insgesamt haben wir also $5 + 60 + 60 = 125$ Möglichkeiten.

Aufgabe 4

Im Urlaub entdeckt Christine in ihrem Ferienort eine kleine Eisdiele. Angeboten wird dort Kugel-Eis in den Sorten Vanille, Schoko, Erdbeere, Himbeere, Banane und Joghurt. Christine hat sich vorgenommen, jeden Tag einen Eisbecher mit vier verschiedenen Sorten auszuprobieren.
Christines Urlaub dauert zwei Wochen. Reicht die Zeit aus um alle verschiedenen Kombinationen auszuprobieren?

Auch hier kürzen wir die Eissorten zur Vereinfachung ab: Vanille: V, Schoko: S, Erdbeere: E, Himbeere: H, Banane: B, Joghurt: J

Wir bestimmen die Anzahl der verschiedenen Kombinationen:

V,S,E,H V,S,E,B V,S,E,J V,S,H,B V,S,H,J V,S,B,J

V,E,H,B V,E,H,J V,E,B,J

V,H,B,J

S,E,H,B S,E,H,J S,E,B,J

S,H,B,J

E,H,B,J

Das sind 15 Möglichkeiten. Weil Christine nur 14 Tage im Urlaub ist, reicht die Zeit nicht aus, um alle Kombinationen auszuprobieren.

1.3.3 Aufgaben zum Weiterdenken

Aufgabe 1

100 Außerirdische treffen sich auf der Erde zu einer intergalaktischen Konferenz. 73 haben zwei Köpfe, 28 haben drei Augen, 21 haben vier Arme, 12 haben zwei Köpfe und drei Augen, 9 haben drei Augen und vier Arme, und 8 haben zwei Köpfe und vier Arme. 3 haben alle diese Merkmale. Wie viele haben keins der Merkmale?

Aufgabe 2

   a)   Zeichne 3(4, 5 und 6) Punkte und verbinde je zwei Punkte durch eine Linie, so dass am Ende jeder Punkt mir jedem verbunden ist.

   b)   Welche dieser Figuren kannst Du in einem Zug (ohne Abzusetzen) zeichnen?

   c)   Für welche Anzahl von Punkten ist es nicht möglich?

Aufgabe 3

Stellt Euch vor, die Buchstaben der folgenden Wörter sind auf lauter ein zelne Kärtchen aufgeschrieben:

      a) MISSISSIPPI   b) ANANAS

Die Karten werden vermischt. Wie viele Möglichkeiten hat man, die Karten wieder so hinzulegen, dass die Wörter unverändert bleiben, wie viele hat man insgesamt?

Aufgabe 4

Ein Mineralwasserkasten wird mit zwei verschiedenen Getränken - Mineralwasser und Limonade - gefüllt. Wie viele verschiedene Anteile der beiden Sorten sind möglich, wenn sich mindestens eine Flasche jeder Sorte in dem Kasten befinden soll?

Blick über die Schulter: Kombinatorische Optimierung

Mathematik für Postboten, Müllmänner und Bauern?

Das mag auf den ersten Blick etwas weit hergeholt klingen, aber sowohl bei der Müllabfuhr als auch in der Landwirtschaft werden Erkenntnisse der Kombinatorik, genauer der kombinatorischen Optimierung genutzt.

So sollte Prof. PETER GRITZMANN (TU München, er hat in Siegen studiert) dem Bayerischen Staatsministerium für Landwirtschaft und Forsten bei folgendem Problem helfen: Die Ackerflächen vieler Bauern in Bayern waren sehr klein und weit über die Landschaft verstreut. Das ist natürlich alles andere als optimal, weil man viele unnütze Wege mit seinen Traktoren und Erntemaschinen zurücklegt und wertvolle Zeit verliert.

Das Ministerium wollte durch eine vorgegebene Regelung für den Tausch von Pacht- und Nutzungsrechten nun allen Landwirten helfen: Für jeden sollten größere, zusammenhängende Gebiete entsehen, keiner sollte allerdings nachher weniger oder mehr Ackerfläche zur Verfügung haben als vor dem Tausch.

Hört sich einfach an, war es aber nicht: GRITZMANN und seine Kollegen fanden heraus, dass unter den vom Ministerium vorgegebenen Randbedingungen das Problem des optimalen Tausches so schwer ist, dass kein bereits bekanntes mathematisches Verfahren eine wirklich optimale Lösung finden konnte. Um das Problem zu lösen mussten GRITZMANN und sein Team also erst ein ganz neues Stück Mathematik erfinden und ließen ihre Computer Wochen und Monate lang eine ganze Menge Berechnungen durchführen. Gelohnt hat sich der Aufwand: Durch die Umsetzung der Vorschläge der Münchener Mathematiker spart jeder Landwirt pro Hektar und Jahr 170 Euro, insgesamt gehen die Einsparungen damit in Millionenhöhe.

Einsparungen durch Flurneuordnung pro Hektar und Jahr

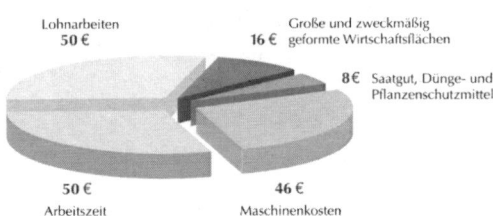

Lohnarbeiten 50 €

Große und zweckmäßig 16 € geformte Wirtschaftsflächen

8 € Saatgut, Dünge- und Pflanzenschutzmittel

50 € Arbeitszeit

46 € Maschinenkosten

Ähnliche Probleme treten in vielen Bereichen auf: Postausteiler oder Müllabfuhren sollen bestimmte Bezirke einer Stadt abfahren, jede Straße möglichst nur einmal und schließlich sollen sie auch wieder an den Ursprungsort (das Postamt, die Müllverbrennungsanlage) zurück kommen, möglichst schnell natülich, denn Zeit ist bekanntlich Geld.

Auch auf dem Münchener Flughafen war man auf die Hilfe von GRITZMANN und seinem Team angewiesen: Sie sollten An- und Abflüge so koordinieren, dass alle Start- und Landebahnen optimal ausgenutzt werden. Auch hier mussten ganz neue mathematische Verfahren entwickelt werden, um wirklich sicher sein zu können, den Auftraggebern auch tatsächlich eine optimale Lösung zu präsentieren.

Mehr zum Thema kombinatorische Optimierung findet ihr in: Peter Gritzmann/ René Brandenberger 2004: Das Geheimnis des kürzesten Weges, Berlin (Springer Verlag).

1.4 Streng geheim: Mathematik und Verschlüsselung

von Alexander Wagner und Kathrin Wilhelm

1.4.1 Einleitung

Kryptographie wird die Wissenschaft der Verschlüsselung von Informationen genannt. Ziel ist es, Botschaften durch den Einsatz von Verschlüsselungsverfahren zu verschlüsseln, so dass nur der Sender und Empfänger die Botschaft lesen können. Solche Botschaften werden also in Geheimsprache geschrieben. Wer hat das noch nicht versucht? Geheimsprachen zu erfinden ist eigentlich ganz leicht: Man muss für einen Buchstaben oder ein Wort eine andere Bezeichnung einsetzen und schon hat man seine eigene Sprache.

Die Schwierigkeit besteht darin, dass keine dritte Person die verschlüsselte Botschaft lesen soll. Dazu dienen die Verschlüsselungstechniken. Aber keine Technik ist perfekt, so dass einige Techniken für eine dritte Person zu knacken sind.

Wir werden uns neben dem Entschlüsseln und Verschlüsseln von Nachrichten auch mit dem kniffligen Knacken von Botschaften versuchen.

Aber was hat nun die Codierung von Botschaften mit der Mathematik, mit Zahlen, Addition, Subtraktion und Anderem zu tun?

Vielleicht entdecken wir die Antwort im Laufe der Zeit, vielleicht geben uns schon die ersten Verschlüsselungsmethoden eine Antwort darauf.

1.4.2 Einige Verschlüsselungstechniken

Caesar-Code

Einer der Ersten, der die Geheimschriften zu seinem Vorteil nutzte, war Caesar. In seiner Methode, der Caesar- Verschlüsselung, wurde für jeden Buchstaben des Alphabets ein Buchstabe hingeschrieben, der X-Stellen im Alphabet danach kommt. z.B. wir verschieben um 3 Stellen *Rightarrow* $A = D$, $B = E$ ... Aber dieses Verfahren war nicht sicher. Denn obwohl die Nachricht codiert ist, sind die Buchstaben nicht total unkenntlich gemacht worden. Die Häufigkeit der Buchstaben der Nachricht stimmt mit der benutzten Codierung überein. In der deutschen

Sprache kommen E und N am häufigsten vor, somit, wenn man das Alphabet um 5 Stellen verschiebt, ergibt sich für $E = J$ und $N = S$ und in der codierten Nachricht würden J und S am meisten vorkommen. In dem folgenden Text könnt ihr diese Behauptung kontrollieren. Zähle die Häufigkeit der einzelnen Buchstaben und ermittele die Häufigkeit in Prozenten. Füge deine Ergebnisse in die Tabelle ein!

Er ist sagenhaft geworden, der Siegerländer Mäckes. Unsere Großeltern erzählen noch davon. Die Jugend kennt ihn nicht mehr. Über den Namen sind sich Sprachgelehrten noch nicht einig. Im Munde des Siegerländers dem Fremden gegenüber ist er ein übles Schimpfwort.[9]

A	B	C	D	E	F	G	H	I	J	K	L	M
N	O	P	Q	R	S	T	U	V	W	X	Y	Z

Hilfe: Formel für Prozentrechnung: $\% = 100\cdot$ Anzahl : Gesamte Anzahl

Was hast du herausgefunden? Stimmen deine Rechnungen in etwa mit der Tabelle am Ende dieses Abschnitts überein?

Aufgaben

Aufgabe 1

Wie viele Möglichkeiten hatte Caesar seine Nachrichten unterschiedlich zu verschlüsseln?

Aufgabe 2

Finde heraus, wie man das Zitat codiert hat?

a) „Ich kam, sah und siegte" = PJORHTZHOBUKZPLNAL

b) „Nach Adam Riese macht das..." = MZBGZCZLQMDRLZBGSCZR

---

[9] Näheres siehe im „Siegerländer Wörterbuch" vgl. Heeinzerling/ Reuter 1968.

Aufgabe 3

Die zwei Geheimagenten Henner und Frieder bemerkten in ihrer Zone eine seltsame Begebenheit. Diese Beobachtung schrieben sie verschlüsselt an ihren Boss.

ZAEHWDUZWFMFVHAEHWDUZWFK

LAWYWFSMXWAFWFZGZWFTWJY

Der Boss fand dies doch sehr seltsam und schickte folgenden Nachricht an sie zurück: „Was machen Himpelchen und Pimpelchen dort?"
Nach tagelanger intensiver Beobachtung fanden die beiden heraus, dass sich die beiden Zielobjekte in Richtung der vermeintlich geheimen Zentrale bewegten und dort dem Boss in einer verschlüsselten Sprache etwas mitteilten, und zwar:

KOTSGRVUSSKYSGEUATJQKZINAV

Was sollte dies nur bedeuten?
Nachdem Henners und Frieders Mitarbeiter in der Zentrale tagelang an der Entschlüsselung der Botschaft saßen, kamen sie zu der Erkenntnis, dass sie gelinkt worden waren.
Aber die beiden Geheimagenten fanden Himpelchens und Pimpelchens Geheimmemo mit der Überschrift:

NBNUNBBNWWNBBNUWWRLQC

WNBBNUWNBBNWNBNUWRLQC

Dies war also, das große Projekt an dem die beiden jahrelang geforscht hatten

Caesars Geheimschrift war alles andere als perfekt. Was hätte er tun können, um seine Botschaften doch noch sicher weiterleiten zu können? Eine Möglichkeit wäre die Botschaften so kurz und knapp wie möglich zu halten, damit man keine Häufigkeitsanalyse wie oben machen kann, bestenfalls nur ein Wort. Aber das Wahre ist es noch nicht.
Eine andere Möglichkeit:

Aufgabe 4

   a)   Die Katze tritt die Treppe krumm = LVMXIGHRBEQGBQQR-
       BEMCXRSECZU

   b)   Harry Potter und der Orden des Phoenix = OEIIBTFKBRXYQL-
       HKVTRHLEWIFWLFVQMO

Was wurde bei diese Codierungen gemacht, ähneln sie der Caesar-Geheimschrift?

Vigenère-Code

Man verschiebt die Buchstaben bei diesem Code nicht immer um dieselbe Anzahl von Buchstaben, sondern jedes Mal um eine andere, dadurch wird das Codeknacken erschwert. Verschieben wir etwa den ersten Buchstaben um 3 Buchstaben, den zweiten um 5 und den dritten um 9, schreibt sich „wer" als „zja".

Aufgabe 5

Entschlüssle die folgende Botschaft sinnvoll:

MDUWOUWFWEDXJKLNHLIDTDMPPN

Das Schlüsselwort ist in folgendem Rätsel verborgen: „Was fällt nicht weit vom Stamm?"

Ohne die Hilfe eines Rechners kann man das Ver- und Entschlüsseln mit Hilfe des Vigenère-Quadrats (s. nächste Seite) durchführen. Dieses Quadrat besteht aus 26 Alphabeten, die untereinander geschrieben werden. In der ersten Zeile steht das gewöhnliche Alphabet, in der zweiten das um einen Buchstaben verschobene.

```
A B C D E F G H I J K L M N O P Q R S T U V W X Y Z
B C D E F G H I J K L M N O P Q R S T U V W X Y Z A
C D E F G H I J K L M N O P Q R S T U V W X Y Z A B
D E F G H I J K L M N O P Q R S T U V W X Y Z A B C
E F G H I J K L M N O P Q R S T U V W X Y Z A B C D
F G H I J K L M N O P Q R S T U V W X Y Z A B C D E
G H I J K L M N O P Q R S T U V W X Y Z A B C D E F
H I J K L M N O P Q R S T U V W X Y Z A B C D E F G
I J K L M N O P Q R S T U V W X Y Z A B C D E F G H
J K L M N O P Q R S T U V W X Y Z A B C D E F G H I
K L M N O P Q R S T U V W X Y Z A B C D E F G H I J
L M N O P Q R S T U V W X Y Z A B C D E F G H I J K
M N O P Q R S T U V W X Y Z A B C D E F G H I J K L
N O P Q R S T U V W X Y Z A B C D E F G H I J K L M
O P Q R S T U V W X Y Z A B C D E F G H I J K L M N
P Q R S T U V W X Y Z A B C D E F G H I J K L M N O
Q R S T U V W X Y Z A B C D E F G H I J K L M N O P
R S T U V W X Y Z A B C D E F G H I J K L M N O P Q
S T U V W X Y Z A B C D E F G H I J K L M N O P Q R
T U V W X Y Z A B C D E F G H I J K L M N O P Q R S
U V W X Y Z A B C D E F G H I J K L M N O P Q R S T
V W X Y Z A B C D E F G H I J K L M N O P Q R S T U
W X Y Z A B C D E F G H I J K L M N O P Q R S T U V
X Y Z A B C D E F G H I J K L M N O P Q R S T U V W
Y Z A B C D E F G H I J K L M N O P Q R S T U V W X
Z A B C D E F G H I J K L M N O P Q R S T U V W X Y
```

In der ersten Zeile stehen die Klartextbuchstaben, in der ersten Spalte die Schlüsselbuchstaben. Man geht vom Klartextzeichen abwärts und vom Schlüsselzeichen nach rechts. Am Kreuzungspunkt dieser Linien steht das verschlüsselte Zeichen.

Hier wird der Klartextbuchstabe *H* mit dem Schlüsselbuchstaben *G* verschlüsselt. Als Kryptobuchstabe ergibt sich *N*.

Zum **Ent**schlüsseln geht man erst in der Schlüsselspalte abwärts bis zum richtigen Schlüsselzeichen (*G*) und von da nach rechts bis zum Kryptobuchstaben *N* und findet von da aus aufwärts in der Klartextzeile das *H*.

Allerdings hat auch dieses Verfahren einen entscheidenden Nachteil: Sender und Empfänger benötigen dazu die gleiche Liste von Zahlen oder auch Text, die angeben, um wie viele Buchstaben jeweils verschoben wird. Um kein Risiko einzugehen, sollte die Liste genau so lang wie der zu verschlüsselnde Text sein.

Im Zweiten Weltkrieg konnten die Engländer viele verschlüsselte Funksprüche der Deutschen entziffern. Es wird gesagt, dass das britische Entschlüsselungszentrum Erfolg hatte, weil die Deutschen mit ihrer Verschlüsselungsmaschine *ENIGMA* zu sorglos umgegangen waren. Sie wählten Schlüsselreihen wie 123 oder ähnliche einfallslose Kombinationen.

Im Kalten Krieg benutzen die USA und die Sowjetunion, ähnliche Verfahren. Gerüchten zu Folge setzte der sowjetische Geheimdienst dieselben Zahlenfolgen mehrfach hinter einander ein, so dass die Amerikaner einige Nachrichten entschlüsseln konnten.

1.4.3 Mathematische Hintergründe

Mam sieht deutlicher, wieso bei Verschlüsselungen Mathematik eine Rolle spielt, wenn man die Buchstaben zunächst in Zahlen umkodiert:

A	B	C	D	E	F	G	H	I	J	K	L	M
00	01	02	03	04	05	06	07	08	09	10	11	12
N	O	P	Q	R	S	T	U	V	W	X	Y	Z
13	14	15	16	17	18	19	20	21	22	23	24	25

Der Caesar-Chiffre funktioniert dann so: Man addiert zu jeder Zahl eine bestimmte andere Zahl. Nehmen wir mal an unser Wort heißt „H A L L O", dann wird daraus zunächst „07 00 11 11 14". Wir addieren zu allen Zahlen die 5, das Ergebnis lautet „12 05 16 16 19" (bzw. in Buchstaben „M F Q Q T". Kommt eine Zahl heraus, die größer ist als 25, dann fangen wir einfach wieder vorne an zu zählen, bzw. wir ziehen also einnfach 26 ab. Aus einem „W" würde ja z.B. die „27" und das wäre dann wieder die „02". Dasselbe kann man dann natürlich auch beim Vigeneré Code machen.

Wirkt zunächst etwas umständlich, aber durch die Umwandlung in Zahlen kann man das Ver-/ Entschlüsseln als einfaches addieren und subtrahieren von natürlichen zahlen umsetzen und so z.B. mit hilfe eines Tabellenkalkulationsprogramms bereits recht brauchbare Entschlüsselungshilfsmittel erstellen (Ihr könnt Beispiele dazu im Internet finden, unter *http:/www.vohns.de/krypto.html*).

Eine Variante des Vigenère-Codes beruht auch auf dieser Darstellung: Der Geburtstagscode: Man schreibt seinen Gebrtstag in Zwei-Ziffer-Gruppen auf:

$$29011975$$

Jetzt zieht man so oft 26 ab, bis eine Zahl kleiner als 26 herauskommt:

$$03011923$$

Damit hat man einen gut zu merkenden, relativ zufälligen Schlüssel. Wenn wir wieder „H A L L O" verschlüsseln würde daraus:

$07 + 03 = 10$
$00 + 01 = 01$
$11 + 19 = 30, -26 = 04$
$11 + 23 = 34, -26 = 08$
$14 + 03 = 17$

Das verschlüsselte Wort wäre also „10 01 04 08 17" bzw. „K B E I R"..

Ein guter Trick, an nahezu beliebig lange Schlüssel zu kommen, ist es, sich etwa darauf zu einigen, als Schlüssel einfach die jeweils ersten Buchstaben z.B. auf der dritten Seite einer aktuellen Ausgabe einer überregionalen Tageszeitung zu benutzen. Die kann man unauffällig kaufen, jede Woche ändert sich der Text und man hat keine auffälligen Zettel mit wilden Buchstabenkolonnen irgendwo herumliegen.

Der Nachteil des „Zeitungs"-Verfahrens ist, dass moderne Computer Vigenère-Schlüssel dann am ehesten noch knacken können, wenn als Schlüssel auch ein „echter" Text verwendet wurde. Es gibt dann sehr komplizierte Verfahren, den Code mithilfe statistischer Auswertungen zu knacken (die quasi Kombinationen von Häufigkeitsanalysen für potenziellen Klartext und Schlüssel durchführen). Von Hand kriegt man das aber ohne die Zeitung und die Seite zu kennen nicht mehr hin.

Das Problem aller klassischen Verschlüsselungsverfahren ist, dass wir dem berechtigten Leser unseres verschlüsselten Textes immer irgendwie den Schlüssel mitteilen müssen. Es ist also nicht möglich, unsere geheime Botschaft mitzuteilen, ohne dass wir einen andere geheime Botschaft (den Schlüssel) mitteilen. Wird der Schlüssel aber mitgeteilt, so kann dieser natürlich abgefangen werden und dann könnten auch unberechtigte unseren Text lesen (Problem des Abhörens). Weil beide Kommunikationspartner den geheimen Schlüssel brauchen, nennt man diese Verfahren auch „symmetrisch".

Abhilfe schaffen nur moderne „asymmetrische" Kryptographie-Verfahren, die Erkenntnisse der Zahlentheorie ausnutzen, um ohne Austausch eines Geheimnisses Nachrichten zu verschlüsseln. Ein gutes Beispiel ist „Pretty Good Privacy", das man u.a. zum Verschlüsseln von Emails benutzen kann. Bei asymmetrischen Verfahren werden mehrere Schlüssel benutzt. Jeder verwendet einen öffentlichen Schlüssel (den auch jeder kennt) und es gibt private Schlüssel, die nur Sender und Empfänger kennen. Der private Schlüssel wird dabei zwischen Sender und Empfänger nicht ausgetauscht und trotzdem kann die Nachricht verschlüsselt werden und das sogar sehr sicher. Dieses und ähnliche Verfahren sind von Hand allerdings nicht mehr durchzuführen.

Blick über die Schulter: Zahlentheorie und Codierung

Kratzer auf CDs, Bilder von Raumsonden und was Mathematiker damit zu tun haben

Was waren das noch Zeiten. Mochte die gute alte Schallplatte auch einen Kratzer haben, hören konnte man immer noch etwas. Ganz anders diese modernen CDs. Der Schritt von der Analog- zur Digitaltechnik erfüllt hohe Ansprüche, aber der Absturz bei einem Kratzer kann tief sein. Und doch gibt es Leute, für die ist gerade das eine Herausforderung – nicht zuletzt für Mathematiker.

Prof. Dr. NILS-PETER SKORUPPA, Experte für Algebra und Zahlentheorie, hat kein Problem mit solchen Problemen. Aus den verbliebenen Zeichen auf der CD ließen sich durch Abgleich mit allen in Frage kommenden „Worten" im Computer in der Regel die fehlenden Worte rekonstruieren, wenn die Schädigung der CD nicht zu weit gehe.

Der Wissenschaftler weist ergänzend darauf hin, dahinter verberge sich im Übrigen ein viel breiteres Problem. So ist das „Rauschen" bei allen Signalen der Raumsonde „Voyager" angesichts ihrer wachsenden Entfernung von der Erde beträchtlich. Auch hier geht es darum, aus den zu entziffernden Signalen die volle Botschaft zu rekonstruieren. Da man das Problem aber vorab kannte, galt es bei der Codierung Vorsorge zu treffen. Und auch da liegt eine Aufgabe für Mathematiker: Es gilt eine einfach strukturierte „Sprache" zu entwickeln, die alle nötigen Differenzierungen erlaubt, deren Worte nicht zu lang sind und sich doch so eindeutig unterscheiden, dass der Ausfall einiger Signale immer noch eindeutige Rekonstruktionen ermöglicht. Die Codierungstheorie, so SKORUPPA, ist deshalb nach wie vor ein Thema für die Forschung.

Aber oft genug läuft die Sache auch ganz anders. Da sitzen Mathematiker weltabgewandt an irgendwelchen subtilen Problemen, entwickeln faszinierende Formeln und kümmern sich vielleicht gar nicht darum, was sich damit machen lässt. Welche Einflüsse die Lösung mancher exotisch erscheinender Probleme der Mathematik haben können, zeigen etwa die Arbeiten von KURT GÖDEL (1906 - 1978). Nur dadurch, dass er bestimmte Paradoxien auflösen konnte, welche in der Mengenlehre zu Widersprüchen geführt hatten, sei erst die ganze Computerentwicklung möglich geworden, deutet Prof. SKORUPPA an. Ein Mathematiker, der z. B. irgendwelche Kurven betrachtet – resultieren sie aus naturwissenschaftlichen Untersuchungen oder aus sozialwissenschaftlichen Erhebungen – muss sehr ernst genommen werden. Der Vergleich mit irgendwelchen, ohne allen Bezug zur Realität entstandenen Kurven kann nämlich durchaus dazu führen, dass man schließlich die realen Phänomene besser beschreiben und besser analysieren kann.

Quelle: Siegener Zeitung vom 02.05.2003

1.4.4 Aufgaben zum Weiterdenken

Aufgabe 6

Ein guter Freund hat Dir eine ziemlich seltsame Geburtstagseinladung geschickt: „Ich habe meine Einladung mit meinem Geburtstag verschlüsselt!"

```
F N A Z X O X R F N A V B C S Z F N A S
F Y T A A C X W R Y W N T L G N F R L H
B Y G C S P F P B C N A S T X F W P A B
R S K N R X U C T W X B F Y L G F S T I
P Y T Q E R X W P H X W A
```

Du weist aber nur noch, dass er im November 1992 geboren wurde, nicht mer an welchem Tag: Wo und wann wird Geburtstag gefeiert?

Aufgabe 7

Es ist Dir erneut gelungen, eine geheime Botschaft eines feindlichen Agenten abzufangen. Diesmal hat er mit dem Vigeneré-Chiffre gearbeitet und Du hast auch den Zettel mit dem Codier-Satz gefunden, leider kann man drei Buchstaben nicht entziffern. Der codierte Text lautet:

```
E R S T F B V R B N Z F I M C A F Q Z J
X M A L E Y J K A Z U U D E M E F F N B
K T Y U V U I V J K A H E V R U G M I K
M E S R C T K E K M U L R B R X R H T T
H E A A J W M V T R L F U E A M M C X
```

Der Codier-Satz lautet: „BRATMIREIN[ ][ ][ ]". Was haben die Agenten vor?

Aufgabe 8: Ottendorf Verschlüsselung

Bei diesem Verfahren überlegt man sich zu Beginn einen Text, den man verschlüsseln möchte. Dann sucht man sich einen anderen Text oder ein Buch aus, mit dessen Hilfe man die Botschaft übermitteln möchte. Die passenden Buchstaben oder Wörter sucht man aus diesem Text heraus und schreibt zum Beispiel Seitenzahl, Zeile und Position des Wortes oder des Buchstabens auf. Man muss dann der Person, die die Nachricht entschlüsseln soll, nur noch den Text bzw. das Buch und die Codes mitteilen. Am besten übermittelt man den Text und den Code getrennt voneinander, dadurch wird die Nachricht noch sicherer.

Versucht den Text unten mit Hilfe der Codes zu entschlüsseln:

2,4 / 14,8 / 25,19 / 21,6 / 26,3 / 30,20 / 1,9 / 12,23 / 40,1 / 34,23 / 20,3 /
36,42 / 20,7 / 9,1 / 17,41 / 22,4 / 32,2 / 33,16 / 36,9 / 39,16 / 40,3 / 2,9

Bei diesem Code hat sich etwas geändert. Versucht selbst herauszufinden, was sich verändert hat!

19,21 / 2,15 / 9,30 / 17,15 / 8,1 / 8,35 / 4,40 / 6,42 / 11,23 / 8,13 / 6,6 / 26,1
/ 3,19 / 43,28 / 14,14 / 4,6 / 12,20 / 5,9 / 27,36 / 6,36

Welche Vor- und Nachteile gibt es bei dieser Methode?
Überlegt euch, wie man diese Verschlüsselung noch sicherer machen kann.

Warum wir Ostern die Eier suchen

Schon seit vielen , vielen Jahren suchen die Menschen, insbesondere Kinder, Ostereier. Kinderaugen strahlen, wenn diese schönen bunten Eier in der Wohnung, im Garten versteckt sind und gefunden werden. Und jedes Kind weiß, diese Eier bringt der Osterhase. Manches mal versteckt das Langohr alles so gut, dass es ganz, ganz lange dauert, bis alles gefunden wird.
Warum versteckt der Osterhase aber die Ostereier und die Süßigkeiten? Der Weihnachtsmann legt die Geschenke auf den Gabentisch oder unter den Weihnachtsbaum. So hat es das Häschen auch gemacht, die Eier dorthin gelegt, wo sie leicht gefunden werden konnten. Es sprach mit allen Eltern, wo es die Eier am Besten platzieren konnte und fertigte im Laufe der Jahre eine lange Liste an, auf dieser Liste standen alle Namen und die Orte, an denen die Eier hingelegt werden sollten.
Eines Tages verlor das Osterhäschen seine Liste und es suchte überall, aber konnte sie nirgends finden, so versuchte es sich in das Gedächtnis zurückzurufen, bei wem es wo die Eier im letzen Jahr hinlegte. Doch so sehr es sich auch anstrengte, es gelang dem Langohr nicht. Hasen sind berühmter für ihre Schnelligkeit, als für ihr gutes Gedächtnis.
Die Zeit blieb jedoch nicht stehen und Ostern rückte immer näher. Das Häschen musste Eier bemalen, Eier färben und vergaß, dass es seine Liste verloren hatte. Als es nun den Kindern die Eier bringen wollte, wusste es nicht mehr wohin diese gelegt werden sollte.
Der Osterhase suchte sich die schönsten Stellen aus und dachte bei sich :"Hier werden die Ostereier bestimmt gefunden." Doch so ein Häschen denkt ganz anders als wir Menschen und als die Kinder aufwachten, nach ihren Eiern schauten, da waren die wohlbekannten Plätze leer. Die Kinder und auch ihre Eltern konnten sich nicht vorstellen, dass der Osterhase sie vergessen hatte oder in diesem Jahr vielleicht nicht gekommen wäre, sie vertrauten dem Osterhäschen.
So begannen die Kinder mit der Suche nach den Ostereiern. Immer wenn eines gefunden wurde, war die Freude groß und wer die meisten Ostereier fand, fühlte sich wie ein König. Der Vormittag verging wie im Flug, alle waren vergnügt und fröhlich.
Die Kinder suchten die Eier und die Erwachsenen hatten Zeit sich tolle Spiele auszudenken oder Kuchen zu backen. Das war ein fröhliches und lustiges Treiben, das schönste Osterfest seit langem. Die Kinder schliefen am Abend glücklich und zufrieden ein und die Eltern schrieben dem Osterhasen einen Brief, in welchem geschrieben stand:
Lieber Osterhase,
das war eine sehr schöne Idee von dir, die Ostereier zu verstecken, dafür möchten wir uns bei dir bedanken. Wir wären nie auf diese Idee gekommen. Vielleicht kannst du nun immer die Eier verstecken? Sei lieb gegrüßt.
Der Osterhase fühlte sich geschmeichelt und erzählte gleich in ganz Osterhausen, welche grandiose Idee er hatte und wie toll alle sie finden. Und er sagte: „Jetzt werden wir es immer so machen." Seine Osterhasenfrau lächelte sanftmütig und zwinkerte den anderen Häschen zu, denn sie alle kannten diese Geschichte, so wie du.
Seit dieser Zeit versteckt der Osterhase jedes Jahr die Ostereier.

Es gibt viele Geschichten über Ostern, lass sie dir von deinen Eltern oder älteren Geschwistern erzählen. Viel Erfolg beim Eier suchen!!!

Von Silke Möbius

Anhang: Häufigkeitstabelle

In der deutschen Sprache kommen die Buchstaben mit den folgenden (durchschnittlichen) Häufigkeiten vor:

Buchstabe	Rel. Häufigkeit	Buchstabe	Rel. Häufigkeit
A	6,51 %	N	9,78 %
B	1,89 %	O	2,51 %
C	3,06 %	P	0,79 %
D	5,08%	Q	0,02 %
E	17,40 %	R	7,00 %
F	1,66 %	S	7,27 %
G	3,01 %	T	6,15 %
H	4,76 %	U	4,35 %
I	7,55 %	V	0,67 %
J	0,27 %	W	1,89 %
K	1,21 %	X	0,03 %
L	3,44 %	Y	0,04 %
M	2,53 %	Z	1,13 %

Quelle: wikipedia.de

1.5 Flach und doch nicht flach: Räumliche Vorstellung

von Michaela Hennrichs und Silvia Niederschlag

1.5.1 Einleitung

Die Menschen können ihre Umwelt auf viele verschiedene Arten wahrnehmen, dazu gehört auch das menschliche Sehen. Auf unserer Netzhaut entstehen Bilder zunächst völlig „flach" also zweidimensional. Trotzdem sind wir in der Lage, so etwas wie räumliche Tiefe wahrzunehmen, also insgesamt ein dreidimensionales Bild zu sehen. Auslöser dafür sind sogenannte „Hinweisreize". Überlappen sich z.B. bestimmte Gegenstände auf einer Abbildung, so geht unser Gehirn davon aus, dass der überlappte Gegenstand weiter hinten angeordnet ist als der überlappende. Räumliches Vorstellungsvermögen ist also eine Leistung unseres Gehirns. In der Intelligenzforschung wird häufig sogar davon ausgegangen, dass gutes räumliches Vorstellungsvermögen und allgemein hohe Denkfähigkeiten Hand in Hand gehen. Daher enthalten Intelligenz- und Vorstellungstests häufig Aufgaben zum räumlichen Vorstellungsvermögen.

Manchmal nehmen wir auch dort Tiefe wahr, wo eigentlich nur abstrakte Muster dargestellt sind, oder unser Hirn foppt uns, was Form und Größenverhältnisse abgebildeter Gegenstände angeht. Bei dem linken Bild oben nehmen wir die Kreise nicht als solche wahr. Zudem wirkt das rechte Bild durch die Schattierung und das Muster wie eine nichtendende Röhre. Es kann aber auch passieren, dass dem Gehirn nicht nur Dreidimensionalität, sondern auch Bewegung vorgetäuscht wird.

Wenn man testen möchte, wie gut das eigene räumliche Vorstellungsvermögen ist, ist es über verschiedene Aufgabentypen möglich, zum Beispiel bei dem Übertragen von zweidimensionalen Faltmustern in dreidimensionale Körper oder auch durch das Drehen von Körpern in unserer Vorstellung.

1.5.2 Netze

Seine räumliche Vorstellung kann man u. a. dadurch trainieren, dass man – ohne konkretes Nachbasteln – im Kopf heraus zu bekommen versucht, ob ein Netz sich zu einem bestimmten Körper zusammenfalten lässt. Schwieriger wird es, wenn man zusätzlich bestimmen soll, welche Kanten beim Zusammenfalten aufeinander fallen oder bei Würfeln die Zahlen auf gegenüberliegenden Flächen zuordnen soll.

Aufgabe 1: Würfelnetze

Wenn man z.B. einen Pappwürfel an einigen Kanten aufschneidet und auseinander klappt, erhält man ein so genanntes „Netz" des Würfels.

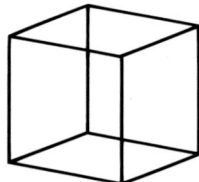

Welche der folgenden Netze bilden einen Würfel, wenn man sie zusammenklappt?

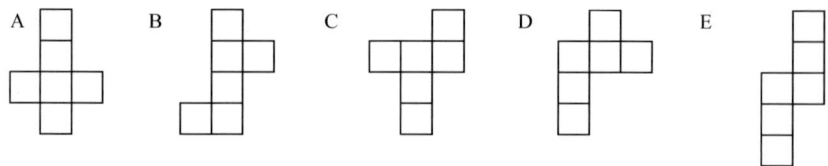

Es gibt mehr als doppelt so viele verschiedene Netze für den Würfel als oben vorgegeben (ohne Drehung oder Spiegelung). Suche mindestens zwei weitere Netze und zeichne diese!

Aufgabe 2: Oktaeder

Das Oktaeder ist ein regelmäßiger „Achtflächner", der durch acht gleichseitige Dreiecke begrenzt wird (siehe Abbildung).

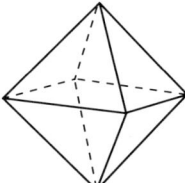

Aus welchen der folgenden Netze kann man ein Oktaeder bauen? Markiere jeweils die zusammenfallenden Kanten (z.B. farblich oder mit Buchstaben).

A
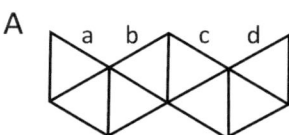

B
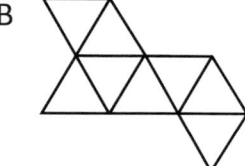

C

Zeichne zwei weitere Oktaedernetze auf.

Aufgabe 3: Spielwürfel selbst gemacht

Die unten aufgeführten Netze können jeweils zu einem Würfel gefaltet werden. Es fehlen jedoch in jedem Netz drei Ziffern. Die fehlenden Ziffern sollen so eingetragen werden, dass die Zahlen der jeweils gegenüberliegenden Würfelseiten zusammen 7 ergeben.

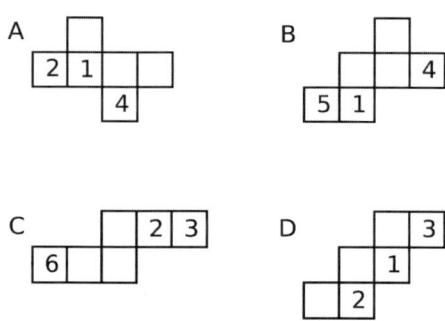

Aufgabe 4: Faltbilder

Welcher der auf der nächsten Seite links dargestellten Körper kann aus der Faltvorlage rechts gebildet werden? Die Faltvorlage stellt immer die Außenseite dar.

Beispiel

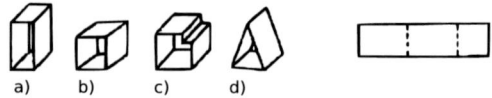

Lösung: Nur Figur d) hat drei Außenseiten.

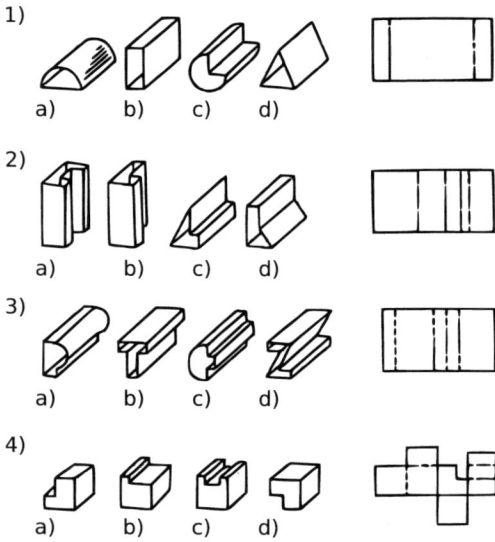

Räumliche Vorstellung: Angeboren oder erlernt?

Das Gehirn fügt wahrgenommene Einzelteile unbewusst zum Gesamtbild zusammen

Auch wenn das Auge nur Fragmente eines Bildes wahrnimmt, leitet das Gehirn daraus automatisch und unbewusst das ganze Bild ab. Verantwortlich dafür sind Nervenzellen in einem Teil des Gehirns, der für die visuelle Wahrnehmung zuständig ist. Das fanden

Wissenschaftler von der Johns-Hopkins-Universität in Baltimore bei Versuchen mit Affen heraus.

Lange wurde darüber gerätselt, wie das Gehirn aus einem zweidimensionalen Bild, das nur aus Linien und unterschiedlichen Farbschattierungen besteht, dreidimensionale Figuren ableiten kann. Unklar war zum Beispiel, wie es bei zweideutigen Bildern entscheidet, ob hier nun eine Vase oder zwei Gesichter, eine alte oder eine junge Frau dargestellt sind.

RÜDIGER VON DER HEYDT und FANGTU QIU interessierten sich in ihrer Studie vor allem dafür, wie das Gehirn zwischen einer im Vordergrund stehenden Figur und dem Hintergrund unterscheidet. Hierzu zeigten sie Rhesusaffen, deren Kopf fixiert war, Ausschnitte von zwei- und dreidimensionalen Bildern, die sich jeweils aus Figur und Hintergrund zusammensetzten. Dabei bestimmten sie mithilfe von Elektroden die Aktivität einzelner Nervenzellen im visuellen Cortex, dem im Hinterkopf liegenden Sehzentrum des Gehirns.

Für die Unterscheidung zwischen Figur und Hintergrund sind bestimmte Nervenschaltkreise zuständig, die in Bruchteilen von Sekunden bruchstückhafte Informationen zu einem Ganzen zusammenzusetzen, stellten die beiden Forscher fest. In einer einzigen Nervenzelle laufen dabei zwei Arten von Informationen zusammen: räumliche Informationen, die durch das Sehen mit beiden Augen entstehen, und Informationen über Anordnung der Umrisse der Figur.

„Obwohl wir normalerweise nur einem kleinen Teil dessen, was wir wahrnehmen, unsere Aufmerksamkeit schenken, organisiert das System dies beständig zu einer Gesamtszene", erklärt VON DER HEYDT. Schon zu Beginn des 20. Jahrhunderts hätten Psychologen angenommen, dass das Gehirn visuelle Informationen unabhängig von Vorwissen und Erwartungen verarbeiten könne, sagt der Hirnforscher. „Unsere Arbeit zeigt, dass dies tatsächlich der Fall ist."

Quelle: Deutscher-Depeschen-Dienst – Wissenschaft vom 11.06.2005

1.5.3 Mentales Rotieren / Kopfgeometrie

Eine weitere Herausforderung bei Würfelaufgaben ist es, einen farbigen Würfel zu zerlegen und sich dann vorzustellen, wie die einzelnen Teile aussehen.

Aufgabe 5: Vorstellungstest

Streicht einen Würfel außen rot, und zerlegt ihn in 27 gleiche Teilwürfel. Wie viele von diesen Teilwürfeln haben drei rote Seiten, zwei rote Seiten, eine rote Seite oder keine rote Seite?
Ein großer Würfel aus 4 x 4 x 4 = 64 Teilwürfeln ist an der Ober- und Unterseite weiß, an Vorder- und Rückseite schwarz und an den beiden Seitenflächen rot bemalt: wie viele Teilwürfel gibt es mit keiner, einer, zwei und drei Farbflächen? Wie viele Teilwürfel haben zwei bzw. drei verschiedene Farben?

Zur räumlichen Wahrnehmung gehört auch die Fähigkeit dreidimensionale Figuren in der Vorstellung zu drehen. Die folgende Aufgabe dient dazu diese Fähigkeit zu überprüfen bzw. zu trainieren. Besonders schwierig ist es, die falsche Figur zu erkennen, wenn nur ein Teil der Figur verändert wurde, zum Beispiel ein Teil speigelverkehrt ist.

Aufgabe 6

In jedem Bild sind Figuren gleich. Finde die unpassende Figur!

Aufgabe 7: Streichhölzer einmal anders

Aus Streichhölzern kann man verschiedene geometrische Figuren legen. Die Abbildung zeigt neun Hölzer, die zu vier Dreiecken zusammengelegt sind.

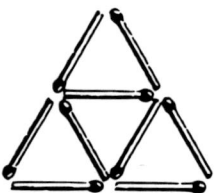

Wie ist es möglich, nur sechs Streichhölzer so anzuordnen, dass sie vier gleich große Dreiecke bilden?

Aufgabe 8: Der Soma-Würfel

Der Soma-Würfel ist eine Erfindung von PIET HEIN, der diese Idee aufgrund der Überlegung von der Aufteilung des Raumes in Würfel im Rahmen der Quantenphysik entwickelte. Der Soma-Würfel besteht aus insgesamt sieben Teilen, die wiederum aus nicht mehr als vier einzelnen Würfeln zusammengesetzt werden. Dabei ist es wichtig, dass diese Teilstücke immer unregelmäßige Körper bilden. Also man setzt nicht einfach drei Steine direkt aufeinander, so dass man ein Art Schlange bekommt, sondern die Körper gehen immer irgendwie „um die Ecke". Die einzelnen sieben Körper kann man dann wiederum zu einem großen Würfel zusammen setzen. So erhält man den Soma-Würfel.

Allerdings ist das Erstaunliche an diesem Würfel, dass sich die Soma-Teile auch zu anderen „sinnvollen" bzw. „regelmäßigen" Gebilden zusammensetzten lassen (z.B. Wolkenkratzer, Badewannen und Sessel).

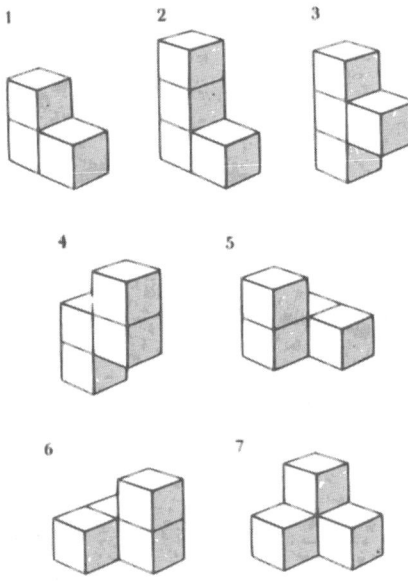

Mit dem Soma-Würfel kannst du verschiedene Gebilde bauen: Bastle Dir anhand der Zeichnung oben zunächst die Teile. Versuche dann den Würfel zusammenzusetzen. Versuche anschließend folgendes Gebilde zu bauen:

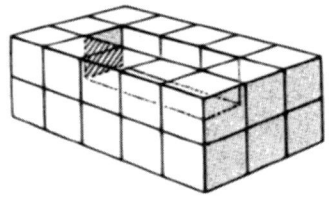

Badewanne

1.6 Wer gewinnt? Mathematische Spiele und Gewinnstrategien

von Kathrin Goldbach, Anne Lauber und Verena Sadel

1.6.1 Einleitung

Mathematische Spiele kann man zunächst in drei verschiedene Kategorien einteilen, die ihr zum Teil schon in den vorhergehenden Kapiteln kennengelernt habt.

Jeder von euch hat sicherlich schon Spiele gespielt, in denen es entweder darauf ankam, richtige Züge zu kombinieren, von Anfang an mit einer bestimmten Strategie vorzugehen oder einfach mit ein wenig Glück zu gewinnen. Aus diesem Grund verstehen wir „Mathematische Spiele" als eine Kombination dieser verschiedenen Spieltypen: kombinatorische, strategische Spiele und Glücksspiele.

Um euch diese kurz vorzustellen, haben wir uns für folgenden Grafik entschieden, die die drei Typen miteinander verbindet und Beispiele nennt:

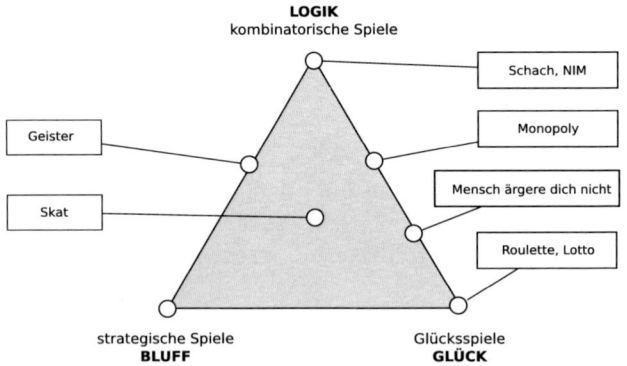

Ihr könnt hier sehen, dass nicht alle Spiele einer konkreten Seite zuzuordnen sind. Spiele wie etwa „Merkwürdige Würfel" (s.u.) können zum einen in Bezug auf die Wahrscheinlichkeit eines Gewinns (Logik) betrachtet werden, zum anderen spielt auch das Glück (der Zufall) beim Würfeln eine Rolle.

Was ist ein Strategiespiel?

Ein Strategiespiel zeichnet sich dadurch aus, dass die Spieler unterschiedliche Informationen über den aktuellen Spielstand haben. Sie müssen ihre Entscheidung für den nächsten Spielzug treffen, ohne die Strategien und Möglichkeiten ihrer Mitspieler zu kennen. Sie können also z.B. nicht sehen, welche Karten die anderen auf der Hand haben, welche Karten gerade auf einem Stapel liegen o.ä. Im Unterschied zu kombinatorischen Spielen ist es bei Strategiespielen also besonders wichtig, trotz Unwissenheit über die genauen Möglichkeiten des Mitspielers dessen wahrscheinlichste Züge vorauszuahnen und diesen bereits vorab geeignet entgegenzuwirken. M.a.W.: Man muss versuchen, aus den Informationsunterschieden einen Vorteil zu ziehen.

Was ist ein kombinatorisches Spiel?

In einem kombinatorischen Spiel hängt der Spielverlauf nur von den Entscheidungen der einzelnen Spieler ab. Dabei hat jeder Spieler verschiedene Möglichkeiten zu handeln und kennt im Unterschied zu Strategiespielen prinzipiell auch alle Möglichkeiten seines Mitspielers und kann daher einfacher versuchen, diese bei seinen Zügen zu berücksichtigen. Die Schwierigkeit eines kombinatorischen Spiels hängt im Wesentlichen von der Anzahl der möglichen Zugkombinationen ab. Beim Beispiel Schach tritt schon nach wenigen Zügen die Situation ein, dass die möglichen Vorgehensweisen kaum noch überschaubar sind. Insofern ähneln sich kombinatorische und strategische Spiele: Da man bei einem komplexeren kombinatorischen Spiel nicht alle Möglichkeiten überblicken kann, muss man sich analog zum Strategiespiel die wahrscheinlichsten Züge des Gegners überlegen. Ein Unterschied bleibt jedoch: „Bluff" ist ausgeschlossen, da zu jedem Zeitpunkt alle Spieler stets alle Informationen über die aktuelle Spielsituationen offen vor Augen haben.

Was ist ein Glücksspiel?

Beim reinen Glücksspiel hängt der Gewinn vom Zufall und der Spieler kann den Spielverlauf nicht beeinflussen. Mit Hilfe der Mathematik kann man jedoch die Wahrscheinlichkeit berechnen, einen Gewinn zu erzielen. Eigentlich findet man in den meisten Spielen eine Form von „Glück". Sei es, wie die Karten verteilt werden, wer anfängt oder auch wie gewürfelt wird. Auch bei kombinatorischen Spielen kann man Glück haben: Der Gegenspieler beim Schach übersieht z.B. einen für ihn günstigen Zug. Hier würde man aber trotzdem mathematisch nicht von Glück bzw. einem Glücksspiel reden. Vom Glücksspiel redet man nur dann, wenn Zufälle ein integraler Bestandteil des Spiels sind (Es wird gewürfelt, Spielkarten werden zufällg verteilt) und nicht ausschließlich aus Mängeln in der Spielweise des Mitspielers beruhen.

Spieltheorie

Die Spieltheorie ist eine Form der Mathematik, die sich mit Spielen verschiedenster Formen auseinandersetzt. Dazu zählen Gesellschaftsspiele oder auch Spiele, wie wir sie oben erwähnt haben, aber genauso wissenschaftliche Untersuchungen oder „theoretische Spiele" (z.B. Börsenspiele). Sie setzt sich damit auseinander, welche Strategien es dabei gibt oder wie diese aufgebaut sind.

Die Grundlage dieser Theorie wurde vor allem von JOHN VON NEUMANN im Jahr 1928 hergestellt. 1944 beschäftigte er sich gemeinsam mit OSKAR MORGENSTERN in ihrem gemeinsamen Buch „Spieltheorie und wissenschaftliches Verhalten" mit diesem Thema. Die Spieltheorie, wie sie heute in vielen wissenschaftlichen Büchern beschrieben wird, wurde aber erst 1994 wirklich anerkannt. In diesem Jahr erhielten JOHN NASH, JOHN C. HARASANYI und REINHARD SELTEN für ihre Arbeit an dieser Theorie einen Nobelpreis für Wirtschaftswissenschaften[10].

Es wird weiterhin auch zwischen unterschiedlichen Formen der Spieltheorie unterschieden. Zum Beispiel gibt es die sogenannte *kombinatorische Spieltheorie*, die sich besonders auf kombinatorische Zwei-Personen Spiele bezieht und vor allem von JOHN HORTON CONWAY begründet wurde. Schon viel früher (etwa im 17. Jahrhundert) entwickelte sich die *Glücksspieltheorie*, in der die Wahrscheinlichkeit eines Gewinns und deren Berechnung untersucht und Formeln dafür entwickelt wurden.

---

[10] Über John Nash wurde später auch noch der Hollywood-Film „A Beautiful Mind" gedreht.

Verschiedene Spieltypen – verschiedene Spieler

Jede der verschiedenen Spielmethoden verlangt andere Fähigkeiten oder konzentriert sich auf unterschiedliche Schwerpunkte. Genauso kann dies auch in Hinsicht auf die Spieler gesehen werden, die eine der Formen bevorzugen.

Kombinatorische Spiele verlangen vom Spieler mitzudenken, sich in seinen Mitspieler hineinzuversetzen und diesem auch zuvorzukommen. Spieler, die sich besonders gerne mit solchen logischen Spielen beschäftigen, scheinen also sehr darauf bedacht zu sein, (in jedem Fall) zu gewinnen.

Das ist bei strategischen Spielen ein wenig anders. Auch diese wollen vermutlich gewonnen werden. Jedoch spielt für diese Spieler die Risikobereitschaft eine größere Rolle. Sie wissen nicht, was sie von ihren Mitspielern erwarten können und kennen deren mögliche Züge nicht.

Glücksspiele werden häufig mit oder um Geld gespielt. Mögliche Spiele sind z.B. Lotto, Roulette oder auch der „einarmige Bandit". Es ist hier überhaupt nicht möglich, mit einer Art Taktik zu spielen. Man kann sich nicht vorbereiten (außer indem man einige Spiele zuvor verfolgt), man kann nur einschätzen (und auch berechnen), wie hoch die Chance ist, zu gewinnen. Für einen Spieler von Glücksspielen scheint somit der Gewinn zwar nicht ausgeschlossen, doch liegt dieses nicht in der eigenen Hand. Der Reiz dieser Spiele macht also die Überraschung und die Spannung aus, die damit verbunden ist.

1.6.2 Einige Spiele und Gewinnstrategien im Beispiel

Das Spiel NIM

Zu Beginn legt ihr 12 Streichhölzer in dieser Anordnung hin:

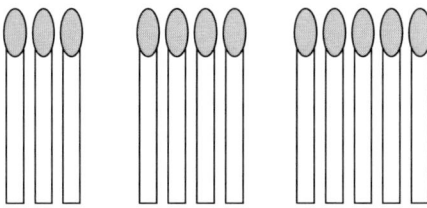

Ihr zieht jeweils abwechselnd von einem Haufen beliebig viele Hölzer (mindestens 1; höchstens die Menge, die auf dem jeweiligen Stapel vorgegeben ist). Gewonnen hat, wer das letzte Streichholz bekommt. Gibt es eine Gewinnstrategie?

Lösung:

Die Strategie ist am ehesten zu finden, wenn man sich lange mit dem Spiel beschäftigt und einen Überblick bekommt. Sobald man aber das Ganze durchschaut hat, kann man sehr leicht gewinnen: Man muss dem Gegner zwei gleichgroße Stapel Streichhölzer überlassen, dann kann man in jedem Fall gewinnen.

Merkwürdige Wüfel

Es spielen immer zwei von euch gegeneinander. Zu Beginn des Spiels darf sich der jüngere Spieler einen Würfel aussuchen. Danach darf sich der andere Spieler einen der übrigen Würfel nehmen. Es wird 11 mal abwechselnd gewürfelt. Die höhere Zahl gewinnt. Notiert das Ergebnis nach jedem Wurf. Probiert dies ein paar Mal aus.

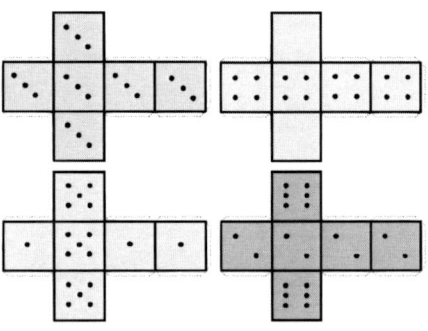

Mit welchem Würfel hat man die größte Chance zu gewinnen? Mit welchem verlierst du vermutlich?

Lösung:

Auf den ersten Blick ist es schwer zu entscheiden, welcher Würfel der „beste" ist. Man muss die Stärken und Schwächen der einzelnen Würfel gegeneinander abwägen. Um das systematisch zu beurteilen, sind Tabellen hilfreich. Hier werden jeweils zwei der Würfel miteinander verglichen und ermittelt, welcher von ihnen öfter gewinnt:

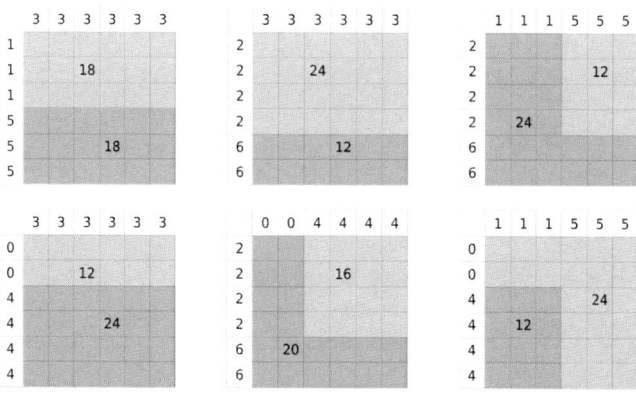

Es sieht zunächst so aus, also ob man die besten Chancen mit dem
$6 - 2$-er Würfel hätte und mit dem $0 - 4$er Würfel die schlechtesten.

Bei den vorgegebenen Spielregeln stimmt das aber nicht: Da der erste
Spieler immer einen Würfel auswählt, kann der zweite Spieler stes einen
anderen Würfel finden, der in 24 von 36 möglichen Fällen gewinnt: Beim
$6 - 2$er ist es der 3er, beim 3er ist es der $0 - 4$er, beim $0 - 4$er ist es der
$1 - 5$er, beim $1 - 5$er ist es der $6 - 2$er.

Das Spiel sollte man also tunlichst nicht beginnen: Wenn man es lange
genug wiederholt wird man (sofern das Gegenüber den richtigen Würfel
wählt) in zwei Dritteln der Fälle verlieren. Die Bewertung der Würfel ändert sich allerdings, wenn man zu viert spielt: Jetzt sind alle vier Würfel
im Spiel und man hat mit dem $6 - 2$er in der Tat die besten Chancen:
Dieser Würfel ist der einzige, der gegen zwei der anderen drei Würfel
klar im Vorteil ist.

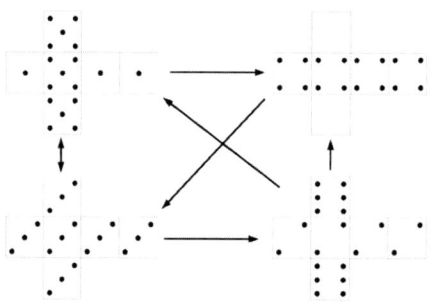

$A \longrightarrow B$, d.h. A gewinnt gegen B

Wer erreicht als erster das T?

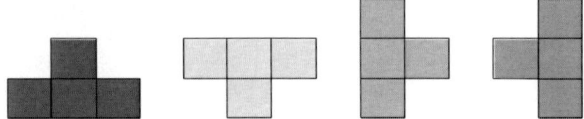

Man benötigt für das Spiel Karopapier. Zwei Spieler malen abwechselnd ein Kreuz bzw. einen Kreis. Gewonnen hat derjenige, der als erster eine T-Figur mit seinen Zeichen ausgefüllt hat.

Kannst du, wenn du der erste Spieler bist, in jedem Fall gewinnen?

Lösung:

Wenn der erste Spieler mit seinem Zeichen die Situation im Bild links erreicht hat, kann er gewinnen (dabei müssen die grau markierten Felder frei sein).

Entsteht in den ersten zwei Zügen der Aufbau im Bild rechts, kann der Spieler mit dem Kreuz auf jeden Fall gewinnen, wenn er das nächste in eines der grau unterlegten Felder setzt.

Sprouts

Malt am Anfang des Spiels ein paar Punkte auf ein Blatt Papier. Es wird immer abwechselnd gespielt. Ein Zug besteht daraus, entweder zwei Punkte miteinander zu verbinden oder einen Punkt mit sich selbst. Auf die gezogene Linie kommt immer ein weiterer Punkt („Sprout"). Von jedem Punkt dürfen höchstens drei Linien ausgehen. Es darf keine Linie eine andere kreuzen. Verloren hat der Spieler, der keine Linie mehr setzen kann.

Beispiel 1: Ein Anfangspunkt:

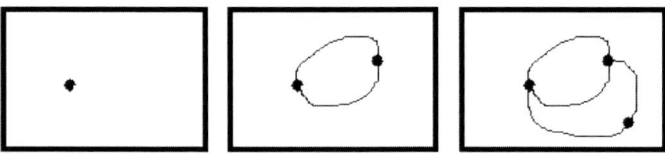

Beispiel 2: Zwei Anfangspunkte:

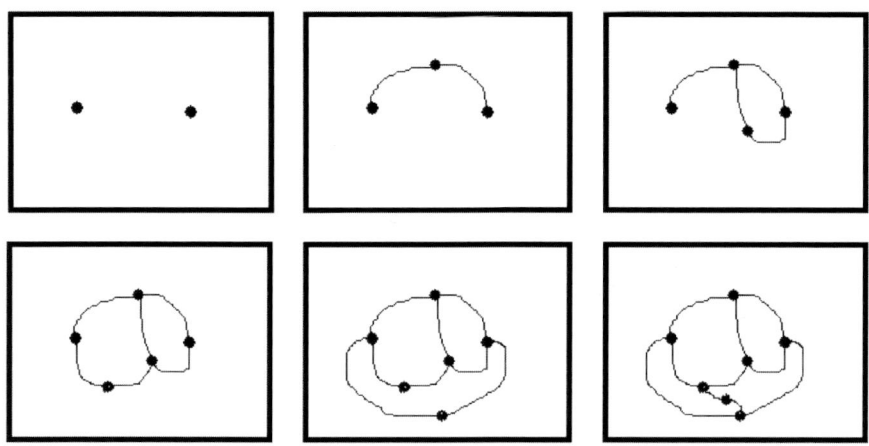

Gibt es eine Strategie, mit der du immer gewinnst?

Lösung:

Es gibt leider keine! Jedenfalls hat seit 1967 kein Mathematiker eine Strategie finden können. Gerade das macht den Reiz des Spiels aus. Jeder hat die Chance zu gewinnen. Interessant ist allerdings, dass die Länge des Spiels immer begrenzt ist. Man braucht mindestens zweimal so viele Züge, wie Sprouts zu Beginn gemalt werden und höchstens (fast) drei mal soviele. Das heißt beginnt man mit drei Punkten, dann ist das Spiel nach 6, 7 oder 8 Zügen beendet[11].

---

[11] Vgl. Beutelspacher 1997

Tic-Tac-Toe

Das Spiel dürfte eigentlich jeder von euch kennen. Aber wie ist die Chance am größten, zu gewinnen? Welche Strategie solltest du benutzen? Welcher Spieler hat die besten Chance?

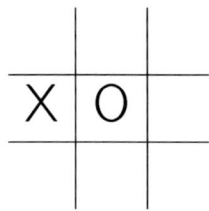

Lösung:

Es kann immer ein Unentschieden erzwungen werden. Der Spieler, der beginnt und seinen Stein in eine Ecke legt, hat die beste Chance zu gewinnen (wenn sein gegenüber nicht aufpasst). Der zweite Spieler kann dann nur kontern, indem er die Mitte belegt.

Ein Blick in die Praxis

Was Dame und Tic-Tac-Toe gemeinsam haben

Die kombinatorische Spieltheorie hat durch den Einsatz immer leistungsfähigerer Computer und effizienterer Algorithmen seit JOHN NASH einige Fortschritte gemacht. Neben ihren eher seriösen Anwendungen in den Wirtschaftswissenschafen hat sie auch den Ehrgeiz des Informatikers JONATHAN SCHAEFFER geweckt, der auf ihrer Basis Algorithmen für klassische Gesellschaftsspiele programmiert.

Ein großer Durchbruch gelang ihm Anfang Juli 2007: Sein Dame-Programm „Chinook" ist theoretisch wie praktisch unbesiegbar: Auf dem jetzigen Stand des Computerprogramms kann niemand mehr als ein Unentschieden gegen den Computer erreichen.

Damit bewiesen SCHAEFFER und seine Kollegen, was man ohnehin lange vermutete: Dame läuft immer auf ein Unentschieden hinaus, wenn beide Seiten fehlerfrei spielen. Es ist damit eigentlich nichts anderes als Tic-Tac-Toe, nur dass es eben erheblich viel mehr verschiedene Züge gibt.

Um zu diesem Ergebnis zu kommen, konnten die Kanadischen Informatiker nicht einfach alle denkbaren Stellungen analysieren, davon gib es nämlich rund 500 Millionen Billionen – nahezu unberechenbar. Stattdessen errechneten sie nur die möglichen Spielstellungen mit weniger als elf Steinen auf dem Brett – das sind weniger als ein Zehntel aller Möglichkeiten. Zusätzlich bestimmten sie die wichtigsten Spieleröffnungen, die sie so weit durchspielen ließen, bis nur noch weniger als elf Steine übrig blieben. Mit diesem kombinierten Ansatz war der unbesiegbare Dame-Computer geboren.

An SCHAEFFERs neusten Erfindung dürfte nicht nur James Bond seine helle Freude haben: Sein Pokerprogramm „Polaris" besiegte Ende Juli 2007 zwei professionelle „Texas Hold 'Em"-Spieler und brachte dem Forscher damit nebenbei schlappe 50.000 $ Preisgeld ein.

Quellen: Springer Verlag Pressemitteilung vom 26.07.2007; Express News, University of Alberta vom 20.07.2007.

1.6.3 Spiele zum Weiterdenken

NIM Zwei

Die Form von NIM, die ihr oben bereits kennengelernt habt, lässt sich beliebig verändern. Ihr könntet euch z.B. fragen:

(1) Was ist, wenn man an Stelle der drei Stapel eine Reihe Streichhölzer nimmt und die Anzahl der Teile begrenzt, die man in einem Zug wegnehmen darf (z.B. höchstens 2, 3, ...)?

(2) ...wenn drei Spieler mitmachen wollen (gleiche Bedingungen wie in (1) – höchstens 2 Hölzer wegnehmen)?

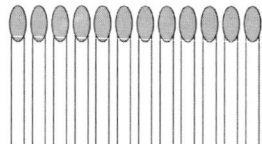

Solitär

Solitär ist nicht nur das bekannte Computerkartenspiel, sondern auch ein uraltes Brettspiel wird so genannt. Man kann es nur mit einer Person spielen – daher der Name (lat. solus = allein).
Das Spielbrett hat 33 Löcher, in dem 32 Stäbchen stecken. Am Anfang ist nur das Loch in der Mitte frei. Ziel des Spiels ist es, dass am Ende nur noch das mittlere Loch besetzt ist:

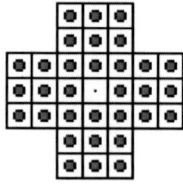 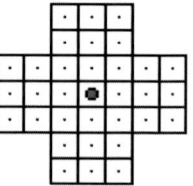

Bei jedem Zug darf man ein Stäbchen entfernen, indem man es in waagerechter oder senkrechter Richtung überspringt. Die Herausforderung ist natürlich, das Ziel mit möglichst wenigen Zügen zu erreichen.

Stein – Schere – Papier

Ein weiteres Spiel, dass ihr bestimmt schon einmal gespielt habt (vielleicht auch unter einem anderen Namen) nennt sich „Stein – Schere – Papier". Es spielen zwei Spieler gegeneinander. Beide müssen gleichzeitig eine (von drei möglichen) Handbewegung machen, die zunächst festgelegt wurde (z.B. eine Faust für „Stein").

Es gilt folgenden Vorgabe: Stein gewinnt gegen Schere, Papier gewinnt gegen den Stein und die Schere gewinnt gegen das Papier.
Ist dieses Spiel ein Glücksspiel oder hat man mit einer bestimmten Wahl besonders gute Chancen zu gewinnen?

Fillomino

Schreibe in jedes Feld des Diagramms eine Zahl. Felder mit gleichen Zahlen müssen waagerecht oder senkrecht zusammenhängende Bereiche bilden. Sie müssen aus genau so vielen Feldern bestehen, wie die Zahl angibt. Beispiel:

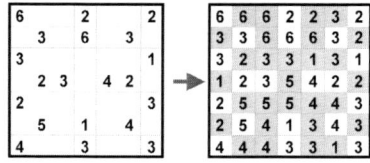

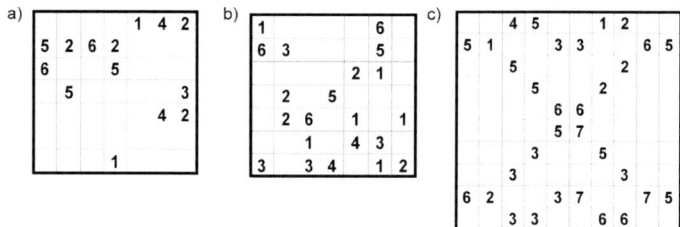

1.7 Alles in Reih und Glied? Zahlenfolgen und Muster

von Florian Klein und Anna-Theresa Schäfer

1.7.1 Zahlenfolgen

Wir wollen uns in diesem Abschnitt mit Zahlenfolgen und Mustern beschäftigen, die aus solchen Zahlenfolgen entstehen können. Beides (Folgen und Muster ganz allgemein) spielen in der Mathematik eine besondere Rolle. Wir beschränken uns hierbei auf die ganzen Zahlen (keine Kommazahlen, keine Brüche).

Zu Anfang scheint es bei Zahlenfolgen oft so, als betrachte man nur irgendwelche beliebigen Zahlen, die wahllos aneinander gereiht sind. Um nun einer Zahlenfolge auf die Spur zu kommen, sollte man einige Dinge wissen und beachten:

Jede Zahlenfolge ist systematisch aufgebaut und enthält spezielle Bildungsgesetze, mit deren Hilfe man jeweils die nächste Zahl bestimmen kann.

Untersuchen wir beispielsweise diese Zahlenfolge:

$$1, \quad 4, \quad 7, \quad 10, \quad 13, \quad ...$$

Bei dieser Folge (und ganz allgemein) ist es sinnvoll, sich die Differenz (den Unterschied) zwischen den einzelnen Gliedern anzusehen: In unserem Beispiel beträgt sie immer 3. Um die nächste Zahl (vornehm sagt man das nächste Folgenglied) zu finden, muss man also immer 3 dazuzählen. Somit wäre die nächste Zahl die 16. Dieses Verfahren kann man beliebig oft, also unendlich lang, weiter fortsetzen. Hiermit haben wir noch eine wichtige Eigenschaft der Zahlenfolgen entdeckt: Sie hören eigentlich nie auf, d.h. man findet immer noch eine weitere Zahl, die man nach dem gleichen Bildungsgesetz bilden kann.

Die einfachste dieser Folgen kennt ihr dabei schon aus der Grundschule: Die natürlichen Zahlen $(1, 2, 3, 4, ...)$, bei denen man immer Eins dazu zählt und nie an ein Ende kommt.

Nicht alle Zahlenfolgen lassen sich so schnell und einfach weiterentwickeln wie es in dem obigen Beispiel der Fall ist. Hilfreich kann es sein, das Bildungsgesetz darauf zu untersuchen, ob multiplizieren (malnehmen), addieren (dazu zählen, wie oben), subtrahieren (Minus rechnen) oder quadrieren (Quadratzahlen bilden) oder Kombinationen davon einen von einem zum nächsten Folgenglied führen.

Beispiele:

3,   12,   48,   192,   ...   Hier werden die Folgenglieder mit 4 multipliziert: z.B. $12 = 3 \cdot 4$

16,   10,   4, -2,   ...   Hier wird von jedem Folgenglied 6 subtrahiert: z.B. $10 = 16 - 6$

2,   4,   16,   256,   ...   Hier werden die Folgenglieder mit sich selbst multipliziert, also quadriert.

Eine weitere Schwierigkeit lauert, wenn die Folge nicht immer durch gleiche Rechenoperationen entsteht, sondern verschiedene miteinander kombiniert werden.

Beispiel:

1,   3,   9,   18,   20,   400,   800,   802,   ...

Man erhält die zweite Zahl, indem man 2 addiert: $(1 + 2 = 3)$.

Zur dritten kommt man durch quadrieren: $(3^2 = 9)$.

Die vierte ergibt sich durch multiplizieren mit 2: $(9 \cdot 2 = 18)$

Jetzt beginnt man wieder von vorn, hat also einen „Dreier-Rhythmus":

$$18 + 2 = 20, \quad 20^2 = 400, \quad 400 \cdot 2 = 800, \quad \text{usw.}$$

Damit ihr selber ein bisschen ausprobieren könnt, nun ein paar Übungsaufgaben.

Aufgabe 1

Finde in den Zahlenfolgen die Regelmäßigkeit und überlege, wie die nächsten drei Folgeglieder aussehen!

a)   1,   2,   4,   7,   11,   ...

b)   1,   4,   9,   12,   17,   ...

c)   5,   18,   12,   16,   29,   23,   27,   40,   ...

d)   2,   6,   18,   22,   66,   70,   ...

e)   2,   4,   10,   28,   82,   ...

f)   -2,   4,   -1,   1,   -4,   16,   ...

Aufgabe 2

Die Zahlenfolge 1, 1, 2, 3, 5, 8, 13, 21, ... nennt man Fibonacci-Folge. Dabei wird das nächste Folgenglied aus der Summe der beiden Zahlen, die vor ihr stehen, gebildet. Im Pascalschen Dreieck kann man diese Folge durch geschickte, systematische Additionen entdecken. Findest du sie?

Ein Blick in die Geschichte

```
                        1
                    1       1
                1       2       1
            1       3       3       1
        1       4       6       4       1
    1       5      10      10       5       1
  1       6      15      20      15       6       1
1       7      21      35      35      21       7       1
  1    8      28      56      70      56      28      8      1
1    9      36      84     126     126     84      36      9      1
1   10     45     120     210     252    210    120     45     10      1
```

Das Pascalsche Dreieck ist nach BLAISE PASCAL (1623 –1662) einem französischer Mathematiker, Physiker, Literat und Philosoph benannt. Es spielt eine wichtige Rolle in der Kominatorik (Viele der Zahlen aus dem Abschnitt zur Kombinatorik könnt im Pascalschen Dreieck wiederfinden, was kein Zufall ist).

PASCALs Naturtalent für Mathematik zeigt sich schon früh unter anderem darin, dass er sich die ersten 32 Sätze der Euklidischen Geometrie als Kind selbstständig herleitet. Früh beteiligt er sich an den Sitzungen der „Académie Mersenne". Dort lernt er u.a. RENÉ DESCARTES, einen weiteren großen Mathematiker seiner Zeit, kennen (nach dem unser Koordinatensystem manchmal genauer als „Kartesisches Koordinatensystem" bezeichnet wird.).

Deutlich früher lebte LEONARDO DA PISA, auch FIBONACCI genannt. Sein genaues Geburtsdatum und sein Todestag sind unbekannt, wahrscheinlich lebte er etwa von 1180–1240. Er war Rechenmeister in Pisa und gilt vielen als der bedeutendste Mathematiker des Mittelalters. In seinem Hauptwerk *Liber abbaci* („Buch der Rechenkunst") beschreibt er die nach ihm benannte Zahlenfolge mit

---

dem Beispiel eines Kaninchenzüchters, der herausfinden will, wie viele Kaninchenpaare innerhalb eines Jahres aus einem einzigen Paar entstehen, wenn jedes Paar ab dem zweiten Lebensmonat ein weiteres Paar pro Monat zur Welt bringt.

Die Folge war aber schon fast ein und ein halbes Jahrtausend vorher bekannt: Ihre früheste Erwähnung findet sich unter dem Namen *maatraameru* („Berg der Kadenz") in der *Chhandah-shāstra* („Kunst der Prosodie") des indischen Gelehrten PINGALA (um 450 v. Chr. oder nach anderer Datierung um 200 v. Chr.).

Trotz ihres „Alters" erfreut sich die Folge auch in der heutigen Popkultur großer Beliebtheit: Sie taucht z.B. in *Dan Browns* Bestseller „Sakrileg" auf und wurde durch die amerikanische Rockband *Tool* sogar schon einmal unter dem Titel „Lateralus" musikalisch verarbeitet.

1.7.2 Figurierte Zahlen

Bereits im 5. Jahrhundert vor Christus haben sich die Pythagoräer in Griechenland mit der Thematik der Zahlenfolgen auseinandergesetzt. Dabei wurden die Zahlen mit Hilfe einer entsprechenden Anzahl von Steinchen dargestellt. Man hat versucht mit diesen Steinchen die Zahlenfolge geschickt als Muster zu legen.

Quadratzahlen

Um die Vorgehensweise der Pythagoräer besser nachvollziehen zu können, schauen wir uns ein Beispiel an. Die Zahlenfolge 1, 4, 9, 16, 25, ... haben die Pythagoräer so gelegt:

Man erkennt, dass man die Steinchen als Quadrate anordnen kann. Es handelt sich bei dieser Folge also um die Quadratzahlen. Uns interessiert an dieser Stelle wieder das additive Bildungsgesetz, also wie viele Steinchen jeweils von einem Schritt zum nächsten dazu kommen. Diese Steinchen sind im nächsten Bild schwarz markiert.

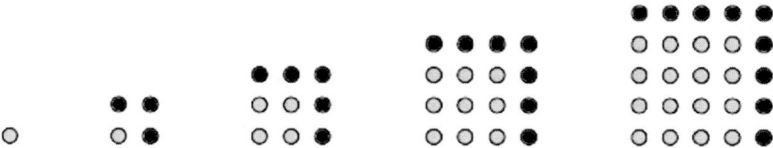

Man kann die Quadratzahlen also auch folgendermaßen bilden:

$$
\begin{aligned}
1^2 &= & 1 &= & 1 &= & 1 \\
2^2 &= & 4 &= & 1+3 &= & 1+3 \\
3^2 &= & 9 &= & 4+5 &= & 1+3+5 \\
4^2 &= & 16 &= & 9+7 &= & 1+3+5+7 \\
5^2 &= & 25 &= & 16+9 &= & 1+3+5+7+9 \\
&\vdots & &\vdots & &\vdots & &\vdots
\end{aligned}
$$

Diese Folge kann man wieder beliebig lang fortsetzen. Man sieht hier, dass die Quadratzahlen durch eine Summe von aufeinander folgenden ungeraden Zahlen darstellbar sind, immer beginnend mit der 1. Es stellt sich die Frage, wie viele ungerade Zahlen man benötigt. Um beispielsweise die $25 = 5^2$ darzustellen, haben wir die ersten 5 ungeraden Zahlen benutzt. Bei $36 = 6^2$ würden wir die ersten 6 ungeraden Zahlen addieren.

Interessant für eine allgemeingültige Formel ist die Frage, wie die letzte ungerade Zahl aussieht, die addiert wird. Es fällt auf, dass dieser Summand genau eins weniger als das Doppelte der Zahl ist, die quadriert wird. Beispielsweise haben wir bei $16 = 4^2$ die ersten 4 ungeraden Zahlen. Rechnet man nun $(4 \cdot 2 - 1)$ erhält man 7 und die 7 ist auch die letzte Zahl in der Summe. Bei $64 = 8^2$ addiert man die ersten 8 ungeraden Zahlen. Der letzte Summand wäre $(8 \cdot 2 - 1) = 15$.

Bei einer beliebigen Quadratzahl, bezeichnen wir sie einfach[12] mit n^2, benötigen wir also die ersten n ungeraden Zahlen. Der letzte Summand ist $(2 \cdot n - 1)$.

Als allgemeine Formel[13] erhalten wir:

$$n^2 = 1 + 3 + 5 + ... + (2 \cdot n - 1)$$

Dreieckszahlen

Es lässt sich natürlich nicht jede Zahlenfolge als sinnvolles Muster legen. Wie bei den Quadratzahlen, lässt sich aber auch bei der nächsten Folge eine schöne Darstellungsmöglichkeit finden.

$$1, \ 3, \ 6, \ 10, \ 15, \ 21, \ ...$$

Die Steinchen lassen sich in Dreiecksform anordnen. Daher nennt man diese Folge auch Dreieckszahlen. Versuchen wir nun wieder ein Bildungsmuster zu finden. Dazu betrachten wir wieder die Steinchen, die von Schritt zu Schritt dazu kommen.

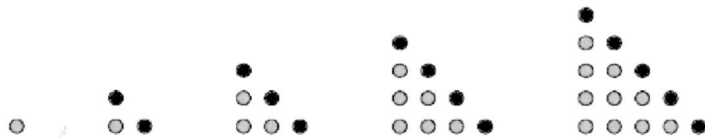

---

[12] Wir könnten Sie auch „Hansi^2" oder „Franzi^2" nennen, aber das würde uns nur zusätzliche Schreibarbeit bescheren.

[13] Bei solchen „allgemeinen Formeln" müssen wir uns mit Pünktchen behelfen, da wir nicht alle Zahlen dazwischen genau hinschreiben können. Es kann ja sein, das einer unserer Leser sich unter dem n eine 17 vorstellt, eine andere Leserin aber eine 64. Je nachdem hätten wir verschieden viele Summanden aufzuschreiben.

Die Dreieckszahlen sind also auch wieder als eine Summe darstellbar:

$$
\begin{aligned}
1 &= 1 &&= 1 \\
3 &= 1 + 2 &&= 1 + 2 \\
6 &= 3 + 3 &&= 1 + 2 + 3 \\
10 &= 6 + 4 &&= 1 + 2 + 3 + 4 \\
15 &= 10 + 5 &&= 1 + 2 + 3 + 4 + 5 \\
&\ \ \vdots &&\ \ \ \vdots
\end{aligned}
$$

Wir benötigen bei den Dreieckszahlen also die ersten n natürlichen Zahlen und summieren diese auf[14]. Um allerdings zu einer allgemeinen Formel zu gelangen – bei der wir die Dreickszahl an einer bestimmten Stelle n (z.B. $n = 25$, also die 25te Dreickszahl) direkt ausrechnen können, ohne eine lange Summe ausrechnen zu müssen –, gehen wir einen kleinen Umweg und betrachten zunächst die sogenannten Rechteckszahlen.

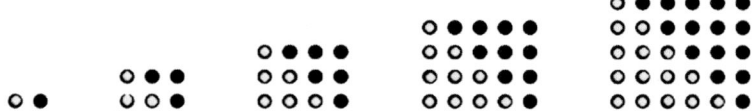

Bei genauerem Hinsehen stellt man fest, dass man die Rechtecke auch in zwei gleiche Dreiecke aufteilen kann. Man verwendet für ein Rechteck die gleiche Anzahl an Steinchen wie für zwei Dreiecke. Man erkennt, dass die eine Rechteckseite ein Steinchen mehr besitzt als die andere. Beim dritten Rechteck ist eine Seite 3 Steinchen lang, die andere 4 Steinchen. Wenn wir wieder mit n das Rechteck an einer bestimmten Stelle bezeichnen, so hat die eine Seite n Steinchen, die andere $(n + 1)$ Steinchen. Insgesamt besteht das Rechteck also aus $n \cdot (n + 1)$ Steinchen.

Da wir das Rechteck aus zwei gleichen Dreiecken zusammengesetzt haben, besitzt also ein einzelnes Dreieck genau die Hälfte der Steine eines Rechteckes, das sind genau $(n \cdot (n + 1))/2$ Steinchen.[15]

---

[14] Erinnert ihr Euch noch: Genau das haben wir im Abschnitt Kombinatorik bei der Aufgabe „Gläser klingen" und bei den Dominosteinen auch gemacht!

[15] Beide Darstellungen, als Summe $1 + 2 + ... + n$ und $(n \cdot (n + 1))/2$ hatten wir bei „Gläser klingen" durch getrennte Überlegungen herausbekommen. Mit den figurierten Zahlen können wir nun erklären, warum beides gleich sein muss.

1.7.3 Aufgaben zum Weiterdenken: Noch mehr Zahlen & Muster

Aufgabe 3

In Intelligenztests werden gerne alle möglichen Arten von Zahlen- und Bilderfolgen verwendet. Bei der folgenden Darstellung handelt es sich um eine Folge von Figuren. Im linken Teil werden die Figuren nach einer ganz bestimmten Gesetzmäßigkeit gebildet. Wenn ihr sie herausfindet, könnt ihr angeben, welche der Möglichkeiten a) bis i) aus dem rechten Teil in das freie Kästchen eingetragen werden muss.

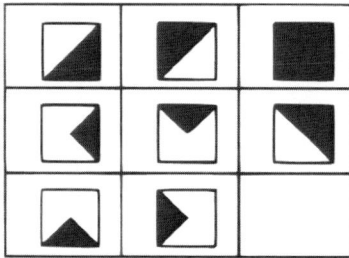 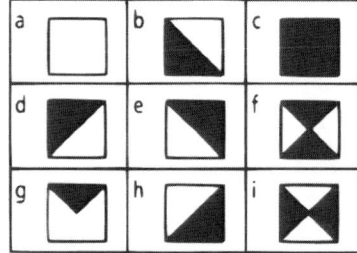

Aufgabe 4

Setze in die leeren Kreise der magischen Sterne die fehlenden Zahlen so ein, dass sich entlang jeder Geraden *beider* Sterne die gleiche Summe ergibt.

Tipp: Die gesuchten Zahlen sind kleiner als 10 und kommen in jedem Stern höchstens einmal vor.

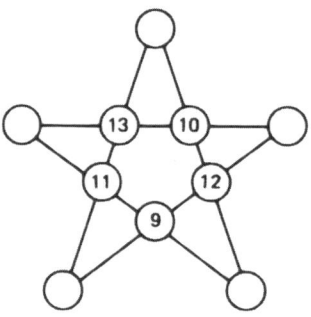 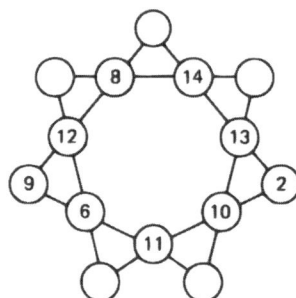

Aufgabe 5

Die Zahlen von 1 bis 8 sollen so in die acht Kreise der Abbildung ein-
gefügt werden, dass folgende Bedingung erfüllt ist: Benachbarte Zahlen
(d.h. solche, die durch genau eine eingezeichnete Strecke verbunden sind)
müssen sich um mehr als 1 unterscheiden.

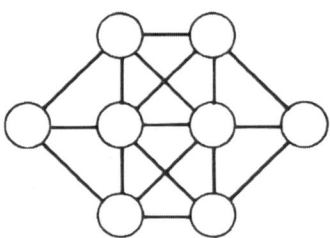

Aufgabe 6

Unten seht ihr die Fünfeckzahlen. Versucht auch für diese, sowohl eine
Formel zu finden, wie man immer die nächste Zahl findet, als auch eine,
bei der man direkt sagen kann, wie viele Steine in der n-ten Figur liegen.

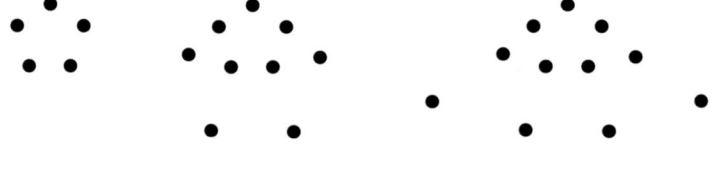

1.8 Nicht alles kann man teilen: Teilbarkeit, Primzahlen und Stellenwerte

von Andreas Vohns

1.8.1 Erkundungen an der Stellenwerttafel

Der Felderabakus

Aus der Grundschule kennt Ihr bestimmt noch die Stellenwerttafel (z.B. Hunderter-Zehner-Einer). Ganz ähnlich funktioniert der Felderabakus, der im alten Rom ein beliebtes Hilfsmittel für das Rechnen war.

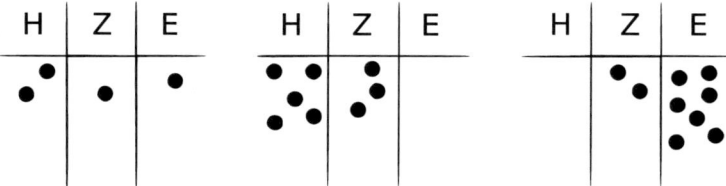

Im Felderabakus kann man mit Plättchen, Münzen oder Spielsteinen Zahlen legen, oben z.B. 211, 530 und 27 (Man darf natürlich nicht mehr als neun Steine in eine Spalte legen).

Wenn man nun alle Zahlen sucht, die man mit genau drei Steinen z.B. im Abakus mit drei Spalten (Hunderter, Zehner, Einer) legen kann, ist das wieder ein Fall für das geschickte Zählen[16]. Zunächst wählen wir eine praktikablere Darstellungsform: Wir ersetzen die Steine durch die Zahl, die in der Stellenwerttafel an dieser Stelle steht und legen eine Tabelle der Möglichkeiten an.

Ein Teilnehmer unseres Kurses schlug folgendes Vorgehen vor, um sicherzustellen, dass er auch tatsächlich alle möglichen Zahlen findet:

„Ich lege erstmal alle Steine in die Hunderter-Spalte:

H	Z	E
3	0	0

---

[16] Vgl. Abschnitt 1.3

Jetzt schiebe ich erstmal einen Stein nach hinten durch:

H	Z	E
3	0	0
2	1	0
2	0	1

Jetzt schiebe ich zwei nach hinten durch:

H	Z	E
3	0	0
2	1	0
2	0	1
1	2	0
1	1	1
1	0	2

Und dann schiebe ich alle drei nach hinten durch:

H	Z	E
3	0	0
2	1	0
2	0	1
1	2	0
1	1	1
1	0	2
0	3	0
0	2	1
0	1	2
0	0	3

Es gibt also 10 Möglichkeiten."

Man kann auch anders auf genau dieselbe Reihenfolge kommen: Die erste Zahl ist die größte, danach kommt immer die nächstkleinere Zahl, die ich mit drei Steinen legen kann.

Wenn man sich die Zahlen etwas genauer ansieht kann man feststellen, dass alle Zahlen, die man mit drei Steinen legen kann auch durch drei teilbar sind. Wenn man an den Felderabakus zurück denkt, kann man sich auch erklären, warum das so sein muss.

Wenn ich die Tabelle von unten nach oben lese, ist die erste Zahl die Drei. Die ist auf jeden Fall durch drei teilbar. Alle Steine liegen hier in der Einer-Spalte. Wenn ich nun zur Zwölf kommen will, so verschiebe ich einen Stein in die Zehner-Spalte. Dieser Stein bekommt also einen neuen „Wert": Er steht stellvertretend für zehn Steine[17]. Wenn ich Bilanz ziehe, ist aus einer Eins eine Zehn geworden, d.h. die Zahl ist um neun größer geworden. Neun kann ich auch durch drei teilen. Und wenn ich zwei Zahlen habe, die ich beide durch drei teilen kann, dann kann ich auch ihre Summe (im Beispiel $3 + 9 = 12$) durch drei teilen.

Genauso komme ich zur 21 und zur 30. Wenn ich wieder mit der Drei anfange und verschiebe einen Einer in die Hunderter-Spalte, so komme ich auf 102. Hier ist aus einer Eins eine Hundert geworden, es sind also 99 dazu gekommen. Auch 99 kann man durch drei teilen, also ändert auch das Verschieben von Steinen in die Hunderter-Spalte nichts an der Teilbarkeit durch drei. Damit müssen aber alle Zahlen, die man mit drei Steinen im Felderabakus legen kann, durch drei teilbar sein.

Zum Weiterdenken

1. Wie viele Möglichkeiten gibt es bei 1,2,4 Steinen? Kannst Du das Ergebnis für 3 Steine irgendwie nutzen?

2. Gibt es bei anderen Steinzahlen (< 10) auch einen Zusammenhang zur Teilbarkeit?

Geht 1000?

Folgende Aufgabe nutzt ebenfalls eine Besonderheit der Stellenwerttafel aus:

Vor Euch liegen neun Ziffernkärtchen mit den Ziffern $1, 2, ..., 9$. Ihr sollt daraus für die folgenden Aufgaben jeweils drei dreistellige Zahlen legen und deren Summe bestimmen, also z.B.:

$$
\begin{array}{r}
1 \quad 4 \quad 3 \\
+ \quad 2 \quad 7 \quad 6 \\
+ \quad 9 \quad 5 \quad 2 \\
\hline
1 \quad 3 \quad 7 \quad 1
\end{array}
$$

---

[17] Das ist gerade die „gute Idee" beim Felder-Abakus und unserem Stellenwertsystem: Ich spare mir das Hinlegen von zehn Steinen für die Zahl Zehn bzw. ich kann mit zehn Zahlsymbolen $(0, ..., 9)$ für alle Zahlen auskommen.

a) *Was ist die größte Summe, was ist die kleinste Summe, die man erzielen kann?*

b) *Versucht die Karten so zu legen, dass die Summe möglichst nah an 1000 herankommt. Geht genau 1000?*

c) *Wenn ihr meint, die am nächsten an 1000 heran kommende Summe gefunden zu haben: Ist das die einzige Lösung?*

Auch hier nutzen wir wieder unser Wissen über die Stellenwerttafel aus: Zunächst einmal kann man festhalten, dass es für die Summe unerheblich ist, in welcher Zeile eine Ziffer auftaucht, also liefert z.B.

$$
\begin{array}{rccc}
  & 2 & 4 & 2 \\
+ & 1 & 5 & 6 \\
+ & 9 & 7 & 3 \\
\hline
1 & 3 & 7 & 1 \\
\end{array}
$$

dasselbe Ergebnis. Die Lösung für a) ist einfach: $9, 8, 7$ kommen nach vorne, in die Mitte kommen $6, 5, 4$ und $3, 2, 1$ nach hinten, also z.B.:

$$
\begin{array}{rccc}
  & 9 & 6 & 3 \\
+ & 8 & 5 & 2 \\
+ & 7 & 4 & 1 \\
\hline
2 & 5 & 5 & 6 \\
\end{array}
$$

Die kleinste Zahl bekommt man genau umgekehrt:

$$
\begin{array}{rccc}
  & 1 & 4 & 7 \\
+ & 2 & 5 & 8 \\
+ & 3 & 6 & 9 \\
\hline
  & 7 & 7 & 4 \\
\end{array}
$$

Man könnte nun meinen, dass man auch 1000 genau erreicht, das klappt aber nicht. Was klappt ist 999, z.B. so:

$$
\begin{array}{rccc}
  & 4 & 7 & 9 \\
+ & 3 & 6 & 8 \\
+ & 1 & 5 & 2 \\
\hline
  & 9 & 9 & 9 \\
\end{array}
$$

Es gibt hier mehrere Möglichkeiten, allein schon deshalb, weil man ja wieder z.B. die Position der Drei und der Vier vertauschen könnte, ohne dass sich das Ergebnis verändert.

Aber wieso geht 1000 nicht? Es hat wieder etwas mit der Teilbarkeit zu tun: Wenn ich mir einmal alle bisher gefundenen Ergebnisse ansehe, so muss ich feststellen, dass alle durch neun teilbar sind. Das ist kein Zufall:

Addiert man zunächst einfach alle Ziffern, also $1 + 2 + 3 + 4 + 5 + 6 + 7 + 8 + 9 = 45$ hat man eine durch neun teilbare Zahl.

Addiert man die 3 dreistelligen Zahlen, so ergibt sich die Summe normalerweise als Addition der Summe der Zahlen der „Einer-Spalte", des zehnfachen der „Zehner-Spalte" und des hundertfachen der „Hunderter-Spalte".

Wenn man nun alle Ziffern zunächst einfach addiert, ergibt sich wie gesehen 45. Dann fehlen noch das neunfache der „Zehner-Spalte" und das 99-fache der „Hunderter-Spalte":

$$
\begin{aligned}
479 + 368 + 152 &= 1 + 2 + 3 + 4 + 5 + 6 + 7 + 8 + 9 \\
&+ 9 \cdot 7 + 9 \cdot 6 + 9 \cdot 5 \\
&+ 99 \cdot 4 + 99 \cdot 3 + 99 \cdot 1 \\
&= 999
\end{aligned}
$$

Weil jeder Summand durch neun teilbar ist, ist es auch die Gesamtsumme. Dabei spielt es überhaupt keine Rolle, welche Zahlen in welcher Spalte stehen: Es wird immer ein durch neun teilbares Ergebnis herauskommen. Weil 1000 aber nicht durch neun teilbar ist, kann Tausend auch nicht erreicht werden.

1.8.2 Die Zählreihe und die Primzahlreihe

Primzahlen sind schon etwas ganz Besonderes: Man kann sie nicht als Produkt von zwei kleineren natürlichen Zahlen erhalten, aber man kann jede beliebige Zahl als Produkt von endlich vielen Primzahlen erhalten. Viel Arbeit erspart das freilich nicht, gibt es bekanntlich unendlich viele Primzahlen. Bislang ist es keinem Mathematiker gelungen, eine Formel zu finden, die ausschließlich Primzahlen findet, geschweige denn eine, die immer die nächst größere Primzahl bestimmt. Eine ähnlich einfache Formel, wie die im vorigen Abschnitt, kann es auch gar nicht geben – soviel ist schon mal sicher.

Die Primzahlfolge ist also eine ganz besondere Folge und verdient daher auch einen eigenen Abschnitt in diesem Buch.

(Fast) Immer rechts und links von „Sechsern"

So weiß man z.B. etwas über die Position von Primzahlen, Torsten übrigens auch, er behauptet:

„Wenn ich alle natürlichen Zahlen hintereinanderweg aufschreibe, dann stehen die Primzahlen entweder links neben oder rechts neben einer Zahl, die man durch sechs teilen kann, außer die Zwei und die Drei."

Warum hat Torsten recht? Nun, ganz einfach: Stünde eine Zahl zwei oder vier Plätze von einer durch sechs teilbaren Zahl entfernt, so könnte man diese Zahl durch 2 teilen. Stünde sie drei Plätze entfernt, könnte man sie durch drei teilen. Die durch sechs teilbaren Zahlen fallen als mögliche Primzahlen ohnehin schon aus. Es bleiben dann nur die übrig, die einen Platz von der Sechs entfernt sind und dass sind die links und rechts von der Sechs, wenn man die Zahlen alle hintereinander aufschreiben würde.

Das heißt übrigens nicht, dass alle Zahlen die links und rechts von den durch sechs teilbaren Zahlen stehen automatisch Primzahlen wären: Z.B. ist 25 durch fünf teilbar, 35 sogar durch fünf und sieben. Wäre auch zu schön gewesen, dann hätten wir nämlich eine perfekte Primzahlformel gefunden und die gibt es bislang ja noch gar nicht.

Manchmal eng zusammen, dann wieder weit auseinander

Guckt man sich die Primzahlreihe $2, 3, 5, 7, 11, 13, 17, 19, 23, 29, 31, 37, 41,$ $43, 47, 53, 59, 61, 67, 71, 73, 79, 83, 89, 97, 101, 103...$ einmal näher an, so stellt man fest, dass außer bei 2 und 3 nie zwei direkt nebeneinander stehen. Das ist nicht weiter verblüffend: Schließlich ist jede zweite Zahl gerade und damit auch durch zwei teilbar und somit keine Primzahl. Anfangs gibt es aber recht häufig Primzahlen, die nur zwei Plätze auseinander sind: 3 und 5, 5 und 7, 17 und 19, 137 und 139, 239 und 241, 4127 und 4129, 9929 und 9931. Bis heute weiss man nicht, ob das immer so weiter geht, es also unendlich viele von diesen sogenannten „Primzahlzwillingen" gibt.

Was man allerdings weiss, ist etwas über möglichst große *Primzahllücken*, also Bereiche, in denen überhaupt keine Primzahlen vorkommen: So sind z.B. alle folgenden Zahlen keine Primzahlen:

$8, 9$

$26, 27, 28$

$122, 123, 124, 125$

$722, 723, 724, 725, 726$

$5042, 5043, 5044, 5045, 5046, 5047$

Ich behaupte: In diesen Zahlen ist ein Muster versteckt, mit dem es mir gelingt, eine Primzahllücke zu finden, die größer ist als jede Zahl, die ihr mir vorgeben könnt, d.h.: Die Primzahllücken werden beliebig groß.

Um das Muster zu erkennen, müssen wir unser geballtes Wissen aus dem Abschnitt zur Kombinatorik und zu den Zahlenfolgen zusammenraffen:

In jeder Zeile komme ich offenbar von einer Zahl zur nächsten, in dem ich eins weiter zähle, aber wie komme ich von 8 zu 26 zu 122 zu 722 usw.? Jetzt hilft es, wenn ihr das Buch von vorne bis hinten durchgelesen habt: Dann sollte Euch die Zahlenfolge $6, 24, 120, 720$ etwas sagen, denn die entsteht so:

$$6 = 1 \cdot 2 \cdot 3$$

$$24 = 1 \cdot 2 \cdot 3 \cdot 4$$

$$120 = 1 \cdot 2 \cdot 3 \cdot 4 \cdot 5$$

$$720 = 1 \cdot 2 \cdot 3 \cdot 4 \cdot 5 \cdot 6$$

$8, 26, 122, 722$ ist also immer genau zwei mehr als die Zahlen, die entstehen, wenn man mit Eins anfängt und immer mit der nächsten Zahl malnimmt (vornehm heißen diese Zahlen „Fakultäten" und man schreibt z.B. $720 = 6!$ und liest das "6!" als „Sechs Fakultät").

Wenn ich aber von $1 \cdot 2 \cdot 3$ zwei Plätze weiter gehe, habe ich wieder eine durch zwei teilbare Zahl (8), gehe ich drei Plätze weiter, habe ich eine durch drei teilbare Zahl (9). Bei $1 \cdot 2 \cdot 3 \cdot 4$ stehen $2, 3, 4$ Plätze weiter ebenso durch $2, 3, 4$ teilbare Zahlen usw.: Ich finde also ab zwei Plätzen neben einer bestimmten Fakultät mindestens so viele Nicht-Primzahlen, wie ich Zahlen bei der Bildung der Fakultät miteinander multilpiziert habe.

Allerdings komme ich dabei sehr schnell in recht hohe „Hausnummern", so ist 10! schon mehr als drei Millionen und normale Taschenrechner geben spätestens irgendwo zwischen 50! und 70! ihren Geist auf: Die Zahlen haben so viele Nullen, dass man ganze Buchseiten damit füllen kann. Und ich habe noch nicht einmal die Gewissheit, dass es nicht schon vorher eine genauso große Primzahllücke gibt: Drei aufeinanderfolgende Nicht-Primzahlen gibt es schon mit $14, 15, 16$ und vier aufeinanderfolgende schon bei $25, 26, 27, 28$. Einfacher kann man solche Lücken (genau wie die Primzahlen selbst) mit dem Sieb von ERATOSTHENES finden, dass ihr vielleicht schon aus der Schule kennt[18].

Trotzdem war unsere „Formel" für etwas gut: Wir können nun absolut sicher sein, dass es beliebig große Primzahllücken gibt, obwohl es doch unendlich viele Primzahlen gibt und man bis heute auch nicht beweisen kann, dass auch ganz weit draußen einmal wieder zwei von ihnen Seite an Seite neben ein und derselben durch sechs teilbaren Zahl zwillingsbrüderlich vereint sind.

Zum Weiterdenken

1. Primzahlen sind bekanntlich die Zahlen, die genau 2 Teiler haben. Welche Zahlen haben genau 3, welche eine gerade und welche eine ungerade Teileranzahl?

2. Die Zahlen $6, 28$ und 496 sind allesamt keine Primzahlen, sie haben aber etwas gemeinsam, weshalb man sie „vollkommene Zahlen" nennt. Es hat etwas mit Teilern zu tun. Welche Besonderheiten der zahlen, welche Gemeinsamkeiten kannst Du finden?

---

[18] Eine interaktive Variante findet ihr im Internet z.B. hier: *http://myref.de/?64115*
.

Kapitel 2

Für Eure Eltern: Mathematik, Begabung, mathematische Begabung – Was ist das und wie gehen wir damit um?

2.1 Was ist Mathematik?

Wenn wir klären wollen, was mathematische Begabung ist, so können wir uns nicht einfach auf den Standpunkt stellen: „Wer gut und schnell rechnen kann, der ist auch mathematisch begabt".

Rechnen macht nur einen sehr kleinen Teil dessen aus, mit dem sich Mathematiker beschäftigen (oder besser: mit dem sie zunehmend ihre Computer beschäftigen).

Wir fragen also besser einen Experten und folgen den Ausführungen von Dr. Theo Overhagen, ein Mathematiker der wie Albrecht Beutelspacher (auf den er sich hier bezieht) lange Zeit auf dem Gebiet der Geometrie gearbeitet hat, zur Frage „Was ist Mathematik?"

Im Gegensatz zur oft geäußerten Meinung gehört Mathematik nicht zu den Naturwissenschaften wie Physik, Chemie, Biologie: Sie beschäftigt sich nicht mit realen Objekten und Vorgängen, sondern mit geistigen Gegenständen wie Zahlen, Punkten, Geraden. Methodisch betrachtet sie ihre Aussagen nicht als gültig auf Grund hinreichend vieler Beobachtungen, sondern leitet sie aus anderen (als gültig erwiesenen oder angenommenen) ab.

Andererseits unterscheidet sich die Mathematik von den anderen Geisteswissenschaften dadurch, dass man nicht über die Gültigkeit der Aussagen diskutieren kann (Gedichtinterpretation, historischer Wahrheitswert der Bibel).

In seinem Buch „ In Mathe war ich immer schlecht ..." gibt Albrecht Beutelspacher vier Sichtweisen der Mathematik als Wissenschaft an, die unterschiedliche Aspekte betonen und sich gegenseitig ergänzen.

2.1.1 Mathematik ist der Versuch, logische Strukturen zu erkennen

Ziel der Mathematik ist, logische Abhängigkeiten zwischen Aussagen zu erkennen.

Eine Aussage B wird also auf eine Aussage A zurückgeführt, d.h. man beweist die Implikation

$$A \Rightarrow B.$$

Dieser Ansatz führt dazu, dass man versucht, die ganze Mathematik oder Teilgebiete auf wenige Grundaussagen, die **Axiome**, zurückzuführen. Euklid (ca. 300 v.Chr.) versuchte als erster, in seinen „Elementen" die Aussagen der „euklidischen" Geometrie auf wenige Axiome zurückzuführen. Vollendet hat das David Hilbert 1899 in seinem Buch "Grundlagen der Geometrie".

Ein anderes Beispiel sind die Zahlbereiche $\mathbb{N}$, $\mathbb{Q}$, $\mathbb{R}$, $\mathbb{C}$, die aus den Peano-Axiomen entwickelt werden.

Der Nachweis der Implikationen kann prinzipiell mit Hilfe von Wahrheitstafeln geführt werden, d.h. Mathematik wird sehr formalistisch verstanden.

Ebenfalls untersucht man Abhängigkeiten zwischen Begriffen, z.B. in der Geometrie („Jedes Quadrat ist ein Rechteck") oder der Analysis („Jede differenzierbare Funktion ist stetig").

2.1.2 Mathematik ist eine Sammlung von Ideen

Theoretisch ist Schach ein langweiliges, weil vorhersehbares Spiel: Die Anzahl aller möglichen Partien ist endlich, d.h. wenn beide Spieler alle diese Möglichkeiten kennen, können sie (ohne zu spielen) vorhersagen, ob der Spieler mit weißen Figuren gewinnt, verliert, es ein Remis oder ein Patt gibt. Andererseits ist diese Anzahl so groß, dass niemand alle Spielzüge kennt und praktisch der Spielausgang offen ist. Gute Schachspieler ersetzen diese fehlende Kenntnis durch Strategien.

Analog ist es beim Beweis mathematischer Sätze: Theoretisch bedeutet ein Beweis, die entsprechende Implikation mit Hilfe einer Wahrheitstafel nachzuprüfen oder eine Abfolge logischer Schlußregeln zu finden, mit deren Hilfe aus der Voraussetzung A die Behauptung B folgt.

Praktisch funktioniert das nur bei wenigen Sätzen. Üblicherweise braucht man zu einem Beweis eine oder mehrere (manchmal auch viele) Ideen. Man kann aus der Behauptung nicht unbedingt erkennen, ob man zu dem Beweis viele solcher Ideen benötigt, d.h. ob der Beweis „schwer" ist oder „leicht".

Ein Beispiel ist der sogenannte "große Satz von Fermat" (1601-1665), der aussagt, dass für alle natürlichen Zahlen $n \geq 3$ die Gleichung

$$x^n + y^n = z^n$$

keine Lösung mit natürlichen Zahlen x, y, z hat. Fermat stellte diese Behauptung 1637 auf, der Beweis gelang aber erst 1994 Andrew Wiles (Princeton) und er umfaßt mehrere hundert Seiten schwierigster Mathematik.

Natürlich versucht man, Ideen, die bei bestimmten Problemen zum Erfolg geführt haben, auch bei Beweisversuchen anderer Behauptungen zu verwenden. Beispiele sind die Beweismethoden des Widerspruchsbeweises oder der vollständigen Induktion. Eine weitere nützliche Idee vor allem bei kombinatorischen Problemen ist das Schubfachprinzip[1], das aussagt, dass bei Aufteilung von n Elementen einer Menge in $k < n$ Teilmengen eine dieser Teilmengen mindestens 2 Elemente enthält.

2.1.3 Mathematik ist ein Werkzeug, die Welt zu beschreiben

Ein wesentlicher Grund für die zentrale Stellung der Mathematik in den Natur- und Ingenieurwissenschaften, aber in neuerer Zeit in den Sozialwissenschaften ist, dass sie eine Sprache ist, um die auftretenden Phänomene und Probleme zu formulieren. Im Idealfall ergeben sich aus der Beschreibung auch Ansätze für Lösungen.

Natürlich kann man nicht erwarten, dass die Mathematik alle Facetten des zu beschreibenden Vorgangs widerspiegelt – man erhält im Allgemeinen ein mathematisches Modell des realen Problems.

Ein Beispiel ist die Darstellung von Musik (Texten, Bildern) durch Zahlen in der Kommunikationsindustrie. Natürlich ist ein Ton etwas anderes als eine Folge von Nullen und Einsen und wird nur unvollständig dadurch repräsentiert. Gleichwohl ergeben sich aus der digitalen Codierung hervorragende Möglichkeiten, Musik zu speichern oder über Datenkanäle verlustfrei zu übermitteln.

---

[1] Vgl. Abschnitt 1.1.2

2.1.4 Mathematik ist eine Weise, die Welt zu erfahren

Durch Beschreibung der Welt durch mathematische Begriffe bringen wir nicht nur eine Struktur in unsere Beobachtungen, sondern wir schärfen unser Wahrnehmungsvermögen für bestimmte Phänomene.

– Macht man sich den Symmetriebegriff bewußt, dann erkennt man viel mehr symmetrische (und asymmetrische) Objekte als zuvor. Man kann z.B. auch schlüssig erklären, warum wir mit Begriffen wie „oben - unten" und „vorn - hinten" weniger Schwierigkeiten haben als mit „links - rechts".

– Das Studium der Stetigkeit von Funktionen schärft das Bewußtsein für stetige und unstetige Prozesse in der Umwelt.

– Die Beschäftigung mit der Wahrscheinlichkeitsrechnung läßt uns abschätzen, wie groß ein eventuelles Bedrohungspotential (Unfallgefahr bei Reisen mit Auto, Bahn, Flugzeug) ist.

Unser Gesicht ist durchaus nicht völlig symmetrisch, wie man hier gut erkennt: Links: Chimärengesicht aus einer linken Gesichtshälfte; Mitte: Originalgesicht; Rechts: Chimärengesicht aus einer rechten Gesichtshälfte. Quelle: Lehrstuhl für Experimentelle und Angewandte Psychologie, Universität Regensburg.

Wenn man – wie gesehen – schon zur Frage, was Mathematik ist, zu sehr unterschiedlichen Antworten gelangen kann, so ist es nicht weiter verwunderlich, dass sich dies bei der Frage nach einer Bestimmung mathematischer (Hoch-)Begabung ähnlich verhält. Einen Überblick zur Thematik gibt im Folgenden Sarah Debus, die 2006 zum Thema „Problemlösungen mathematisch begabter Schulkinder bei Aufgaben zur Kombinatorik und zur Raumvorstellung – Beobachtungen aus der Siegener Begabtenförderung" ihre Hausarbeit im Rahmen der Ersten Staatsprüfung für das Lehramt in Siegen verfasst hat. Die folgenden Ausführungen stammen aus besagter Arbeit.

2.2 Was ist Hochbegabung?

2.2.1 Begrifflichkeit

„Begabung", „begabt", „Hochbegabung" , „hochbegabt", „Intelligenz", „intelligent", „Talent" und „talentiert" sind nur einige der zahlreichen Begriffe, mit denen besondere intellektuelle oder musische Fähigkeiten von Menschen beschrieben werden. Eine einheitliche Taxonomie existiert bisher nicht, da diese Begriffe in der Literatur unterschiedlich verwendet und aus sehr verschiedenen Perspektiven diskutiert werden.[2]

Um die Komplexität des Themas anzudeuten, möchte ich im Folgenden einige Begriffe und deren unterschiedliche Auslegung bekannter Begabungsforscher in der Literatur kurz aufzeigen.

Der Begriff der „Begabung" nach Fels

Nach FELS trägt der Begriff der Begabung in der Pädagogik überwiegend die Bedeutung, in *allen wichtigen Tätigkeitsbereichen „deutlich überdurchschnittlich befähigt"*[3] zu sein.

Dieser Auffassung von FELS stehen jedoch andere Definitionen gegenüber, welche die Begriffe „Begabung" bzw. „Hochbegabung " – in Abgrenzung zum Intelligenzbegriff – vor allem als das Vorhandensein einer *hohen Leistungspotenz zu einem bestimmten Tätigkeitsbereich*, wie z. B.

---

[2] Vgl. Fuchs 2006, S. 28
[3] Fels 1999, S. 30f

Mathematik, auffassen. Die Begriffe „Begabung" oder „Hochbegabung" werden hier also stets in Bezug auf eine spezifische Tätigkeit gesehen.

Die Begriffe „Intelligenz" und „Talent" nach Stern

In der Literatur werden die Begriffe Begabung und Talent häufig auf unterschiedliche Fähigkeitsbereiche bezogen. STERN unterscheidet beispielsweise zwischen „Allgemeinbegabung" (*„Intelligenz"*) und „Spezialbegabung" (*„Talent"*).

Er definiert „Intelligenz" als *„allgemeine geistige Fähigkeit eines Individuums, sein Denken bewußt auf die neue Anforderungen einzustellen*[4]".

Unter „Talent" versteht STERN jene überdurchschnittlichen Fähigkeiten, die sich meist psychomotorischen und musischen Fähigkeitsfeldern zuordnen lassen.

Der Begriff „Talent" nach Heller

Im Gegensatz zu STERN kommt HELLER zu dem Schluss, dass „Talent" ein häufig verwendetes Synonym für „Begabung" ist.[5]

Andere Wissenschaftler verwenden „Begabung" ausschließlich für Personen mit außergewöhnlichen Fähigkeiten auf intellektuellem Gebiet, während sie „Talent" nur dann gebrauchen, wenn es sich um hervorragende Fähigkeiten auf den Gebieten Kunst, Sport oder Musik handelt. Im Bereich des Sports wird „Talent" meist als ein viel versprechendes, aber noch nicht völlig ausgereiftes Potenzial angesehen, die „Begabung" hingegen wird an der Spitze der Leistungsfähigkeit angesiedelt.[6]

Diese wenigen vorgestellten Begriffserklärungen belegen, dass es keinen einheitlichen und oft keinen exakten Gebrauch der vielen Termini gibt und dass eine begriffliche Abgrenzung immer nur in Bezug auf die jeweils zugrunde gelegte Theorie möglich ist.

Ich möchte mich der Auffassung anschließen, dass der Begriff „Begabung" stets in Bezug auf einen Tätigkeitskomplex zu sehen ist. Ich verstehe unter „mathematischer Begabung" daher allgemein das Vorhandensein

---

[4] Stern 1928, S. 3
[5] Vgl. Heller 2001
[6] Vgl. Feger 1988, S. 25

einer hohen individuellen Leistungspotenz für mathematisches Tätigsein, für deren Entstehung und Entwicklung die Wechselbeziehung zwischen vorhandenen Erbanlagen und Umwelteinflüssen ausschlaggebend ist.

2.2.2 Modelle zur Hochbegabung

Aktuelle Bedeutung des Themas

Während über viele Jahre hinweg das Thema „Hochbegabte Kinder" in (West-)Deutschland ein Tabuthema war, ist es heute zu einem viel diskutierten Thema in der Öffentlichkeit geworden. Als Ursachen hierfür können die schlechten Ergebnisse deutscher Schüler in internationalen Vergleichsstudien gesehen werden, durch die auch die Notwendigkeit einer Förderung hochbegabter Kinder erkannt wurde. Außerdem fordert die Wirtschaft immer mehr Spitzenkräfte für die Bereiche Mathematik, Informatik und Naturwissenschaften. Auch politisch hat das Thema Elitebildung aktuelle Bedeutung gewonnen.[7]

Der bisherige wissenschaftliche Entwicklungsstand zum Thema Hochbegabung ist im nationalen wie auch im internationalen Raum durch verschiedene Definitionen und Modelle der Hochbegabung gekennzeichnet, die sich durch die jeweiligen Grundpositionen und speziellen Sichtweisen auf die Thematik voneinander unterscheiden.

Eindimensionale Modelle

Anfang des 20. Jahrhunderts wurde Begabung nur eindimensional betrachtet, indem sie mit hohen allgemeinen, intellektuellen, überwiegend angeborenen Fähigkeiten gleichgesetzt wurde. Zu dieser Sichtweise der kognitiven Hochbegabung zählen beispielsweise folgende Definitionen:

Ex - post - facto - Definitionen: Als hochbegabt wird man bezeichnet, nachdem man Hervorragendes geleistet hat

IQ - Definitionen: In einem Intelligenztest wird ein bestimmter Testwert übertroffen.

---

[7] Vgl. Fuchs 2006, S. 15

Prozentsatz - Definitionen: Ein vorher festgelegter Prozentsatz wird als hochbegabt bezeichnet.[8]

Ausgehend von diesen eindimensionalen Betrachtungsweisen lassen sich zwei unterschiedliche Entwicklungslinien nachzeichnen. Einerseits haben sich Begabungskonzepte von rein genetisch orientierten über sozialisationsorientierte hin zu interaktionistischen Konzepten entwickelt, in denen Anlage- und Umweltfaktoren gleichermaßen als Einflussfaktoren auf die Begabung gesehen werden (Zweifaktorenmodell / interaktionistische Sichtweise). Andererseits hat sich das Begabungsverständnis auf weitere auch nicht-kognitive Begabungsbereiche, so genannte co-kognitive (metakognitive) Merkmale und Einflussfaktoren ausgedehnt (mehrdimensionale Sichtweise).[9]

Mehrdimensionale Modelle

Dieses mehrdimensionale Begabungsverständnis repräsentieren auch die bekannten und in der Literatur oft zitierten Modelle der Hochbegabung, das „Drei-Ringe-Modell" von RENZULLI, das „Triadische Interdependenzmodell der Hochbegabung" von MÖNKS und auch das „Münchner Hochbegabungsmodell" von HELLER[10]. Diese mehrdimensionalen Modelle berücksichtigen neben den kognitiven Merkmalen auch co-kognitive Faktoren wie Persönlichkeitsmerkmale (beispielsweise Kreativität, Motivation und Aufgabenverpflichtung)[11] und Sozialbereiche (Familie, Schule, Freundeskreis)[12].

Bei aller Unterschiedlichkeit der Theorieansätze sind drei generelle Trends erkennbar, die sowohl in der wissenschaftlichen Begabungsforschung in Deutschland als auch weltweit erkannt und weiterentwickelt werden:

- Die Komplexität von Begabung,
- die Bereichsspezifik von Begabung und
- die Notwendigkeit einer möglichst frühen Diagnostik und sinnvollen Förderung hochbegabter Kinder.

---

[8] Birx 1998, S. 13
[9] Vgl. Heinze 2005, S. 11f
[10] Vgl. a.a.O., S. 16-35
[11] Bei Renzulli, Mönks und Heller
[12] Bei Mönks und Heller

Aus unserer Sicht müssen Hochbegabungsmodelle auch co-kognitive Merkmale berücksichtigen. Für die Arbeit mit Hochbegabten im Rahmen unseres Kurses sind sie von entscheidender Bedeutung, da sie nicht nur den Problemlösungserfolg, sondern auch das Problemlösungsverhalten einbeziehen. Dies ist für ein Verständnis der überdurchschnittlichen Leistungen von Begabten hilfreich und zudem nützlich, wenn es darum geht, zusätzliche Förderung auch jenen potenziell Begabten zukommen zu lassen, die bisher auf Grund der Überbetonung kognitiver Eigenschaften bei der Identifizierung ihrer hohen Begabung übersehen wurden.

Diese Erweiterung des Hochbegabungsbegriffes um die co-kognitiven Fähigkeiten entspricht einer u.E. sinnvollen ganzheitlichen Sichtweise auf die Persönlichkeit.

„Emotionale Intelligenz"

Auch emotionale Aspekte gewinnen nach jüngeren Ergebnissen der Kreativitäts- und Hirnforschung immer mehr an Bedeutung und tragen zu einer Begriffserweiterung bei.[13] Nach GOLEMAN ist ein hoher IQ nicht immer eine Garantie des Erfolgs im Leben. GOLEMAN erweitert den Begriff „intelligent", indem er die Emotionen mit in den Mittelpunkt der für das Leben notwendigen Fähigkeiten rückt. Diese Befähigungen werden von ihm als „Emotionale Intelligenz" bezeichnet. Dazu zählt er Selbstbeherrschung, Eifer, Beharrlichkeit und die Fähigkeit, sich selbst zu motivieren. Darüber hinaus ist „Emotionale Intelligenz" auch die Befähigung, die eigenen Gefühle und die anderer zu erkennen und damit angemessen umzugehen. Sein Modell der „Emotionalen Intelligenz" umfasst fünf grundlegende emotionale und soziale Kompetenzen:

– Selbstwahrnehmung

– Selbstregulierung

– Motivation

– Empathie

– Soziale Fähigkeiten

Viele seiner Studien belegen, dass emotionale Kompetenzen für überlegene Leistungen allgemein eine weit größere Bedeutung haben als nur

---

[13] Vgl. Goleman 1999

kognitive Fähigkeiten und fachliches Können. Diese emotionalen Fähigkeiten unterscheiden sich zwar von kognitiven Fähigkeiten, ergänzen sich jedoch mit diesen wechselseitig.

Die „Emotionale Intelligenz" ist ein neues Konzept, bei dem noch nicht festgestellt wurde, in welchem Umfang sie für den unterschiedlichen Lebenserfolg der Menschen mit verantwortlich ist. Es gibt Vermutungen, dass ihr Einfluss aber mindestens so groß oder größer ist als der des Intelligenzquotienten.

Wir schließen uns daher ausdrücklich der Auffassung an, dass der Begabungsbegriff auch emotionale Aspekte einschließen sollte, da Emotionen unsere Fähigkeit zu denken, nach einem Ziel zu streben oder Probleme zu lösen sowohl beeinträchtigen als auch fördern können[14].

2.3 Was ist mathematische Begabung?

2.3.1 Mathematische Begabung als bereichsspezifische Begabung

Ebenso wie beim allgemeinen Begabungsbegriff besteht auch bei speziellen Begabungsbereichen keine einheitliche wissenschaftliche Haltung. Es wird sogar von einigen Forschern bestritten, dass bereichsspezifische Begabungsausprägungen existieren. So antwortete mir der Marburger Begabungsforscher Prof. Dr. Detlef ROST am 20. April 2006 auf meine Anfrage zum aktuellen Forschungsstand im Bereich der mathematischen Hochbegabung, „dass die Existenz einer eigenständigen „mathematischen" Begabung hoch umstritten ist – mathematische Begabung ist, so sind viele empirische Befunde, nichts Anderes als generelle Intelligenz (Problemlösen im numerischen Inhaltsbereich)."

Ein repräsentatives Beispiel neuerer Intelligenzforschung, welches mathematische Begabung als bereichsspezifische Intelligenz auffasst, ist das multiple Intelligenzmodell von GARDNER.[15] In seinem Modell geht er von der Existenz mehrerer relativ autonomer intellektueller Kompeten-

---

[14] Anm. d. Herausgebers: Wir haben versucht, im Kurs auch diese emotionale Seite anzusprechen. Arbeitsphasen wurden in der regel als Zwei-Zu-Zwei-Partnerarbeiten (Zwei Studierende, Zwei Kinder) gestaltet. Wir haben uns bemüht, den Kindern allen nötigen Raum zu geben. Stand Mathematik gerade nicht im Zentrum ihres Interesses, musste sie sich einen Moment lang diesen Interessen unterordnen.

[15] Vgl. Heller 1991; S. 19-20

zen aus, die er als „menschliche Intelligenzen" bezeichnet. Diese Begabungsrichtungen bilden sich durch Anpassungsprozesse an innere und äußere Umstände, sind nach GARDNER individuell geprägt und hängen sowohl von biologischen Anlagen als auch von der „kulturellen Umwelt" ab. Er unterscheidet sieben verschiedene Intelligenzen, die seines Erachtens grundsätzlich ein Leistungspotenzial darstellen:

Sprachliche Intelligenz: Sensitivität gegenüber Wortbedeutungen und der Effektivität sprachlicher Gedächtnisleistungen.

Logisch-mathematische Intelligenz: Formallogische und mathematische Denkfähigkeiten.

Räumliche Intelligenz: Fähigkeiten der Raumwahrnehmung und -vorstellung, des räumlichen Denkens usw.

Körperlich-kinästhetische Intelligenz: Psychomotorische Fähigkeiten, wie sie etwa für sportliche oder tänzerische Leistungen benötigt werden.

Musische Intelligenz: Diese schließt nicht nur musikalische Kompetenzen, sondern auch emotionale Aspekte ein.

Intrapersonale Intelligenz: Sensibilität gegenüber der eigenen Empfindungswelt.

Interpersonale Intelligenz: Fähigkeit zur differenzierten Wahrnehmung anderer.

2.3.2 Merkmale mathematischer Begabung

Nach der von GARDNER herausgearbeiteten Bereichsspezifik einer logisch-mathematischen Intelligenz gehören zu den wesentlichen Merkmalen mathematischer Begabungen:

- Fähigkeiten im flexiblen Umgang mit Regeln der Logik
- Fähigkeiten im Erfassen und Speichern mathematischer Sachverhalte
- Fähigkeiten im Erkennen von Mustern
- Fähigkeiten im Finden und Lösen von Problemen

Auch KRUTESKII[16] beschreibt mathematische Begabung auf der Ebene von Fähigkeiten:

allgemeinste Fähigkeiten:
Arbeitsliebe, Interesse

allgemeine Fähigkeiten:
Gewandtheit, Beweglichkeit und Geschwindigkeit geistiger Prozesse

spezielle Fähigkeiten:

- formalisiertes Wahrnehmen mathematischen Materials
- Verallgemeinern mathematischen Materials
- Umschalten von einer Operation zu einer anderen
- Verkürzen von Gedankengängen
- Umkehren geistiger Prozesse
- Speichern spezifisch mathematischer Informationen

Nach KIESSWETTER[17] ist mathematische Begabung ein Konglomerat von Eigenschaften und Fähigkeiten, auf Grund dessen die Voraussage gemacht werden kann, dass ein Individuum später mit sehr großer Wahrscheinlichkeit ganz besondere, wertvolle Leistungen in der Mathematik erbringen wird.

Als charakteristische Eigenschaften und Fähigkeiten mathematischer Begabung nennt er:

Eigenschaften:
Durchhaltevermögen und Frustrationstoleranz

Fähigkeiten:

- Organisieren von Material
- Sehen von Mustern und Gesetzen
- Erkennen von Problemen und Folgeproblemen
- Wechsel der Repräsentationsebene
- Strukturen höheren Komplexitätsgrades erfassen
- Prozesse umkehren

---

[16] Vgl. Kruteskii 1976
[17] Vgl. Kießwetter 1992

KÄPNICK entwickelte ein ausdifferenziertes System spezifischer Merkmale für die Erfassung von Dritt- und Viertklässlern mit einer potenziellen mathematischen Begabung, das er durch folgende operationalisierbare Merkmale und Eigenschaften beschreibt:

Mathematikspezifische Begabungsmerkmale:

- Mathematische Sensibilität (Gefühl für Zahlen und geometrische Figuren, für mathematische Operationen und andere strukturelle Zusammenhänge sowie für ästhetische Aspekte der Mathematik)
- Originalität und Phantasie bei mathematischen Aktivitäten
- Gedächtnisfähigkeit für mathematische Sachverhalte
- Fähigkeit zum Strukturieren (Erkennen und Bilden von Mustern bzw. Anordnungs- und Gliederungsprinzipien in vorgegebenen oder zu konstruierenden mathematischen Sachverhalten)
- Fähigkeit zum Wechseln der Repräsentationsebenen
- Fähigkeit zur Reversibilität und zum Transfer
- Räumliches Vorstellungsvermögen

Begabungsstützende allgemeine Persönlichkeitseigenschaften:

- Hohe geistige Aktivität
- Intellektuelle Neugier
- Anstrengungsbereitschaft, Leistungsmotivation
- Freude am Problemlösen
- Konzentrationsfähigkeit
- Beharrlichkeit
- Selbstständigkeit
- Kooperationsfähigkeit

Die vier aufgezeigten Modelle verdeutlichen einerseits, dass auch mathematische Begabung sich nicht in besonderen fachspezifischen Fähigkeiten erschöpft, sondern allgemeine Einstellungen und Persönlichkeitsmerkmale als Voraussetzung hat. Andererseits zeigen sie die Schwierigkeit, den komplexen Begriff der Hochbegabung in einem Schema darzustellen.

Bei der Analyse von Problemlösungsstrategien geht es nicht nur darum, lediglich die Effektivität der Anwendung fachlicher Verfahren zu analysieren, sondern auch diejenigen Persönlichkeitseigenschaften zu ermitteln, die für den Erfolg bei der Problemlösung förderlich oder hinderlich sind.

2.4 Hochbegabte und mathematisches Problemlösen

2.4.1 Was ist ein Problem?

Problemlösen ist wesentlicher Bestandteil mathematischer Tätigkeit. Daher soll an dieser Stelle zunächst der Problembegriff skizziert werden, wie wir ihn auch in diesem Buch bzw. dem ihm zugrunde liegenden Kurs für begabte Schüler/innen verstanden haben.

Ein Problem wird üblicherweise definiert durch einen Anfangszustand und einen Zielzustand, der die Lösung des Problems darstellt. Charakteristische Komponente des Problems ist die Barriere oder das Hindernis zwischen beiden Zuständen, wodurch verhindert wird, dass sich der Zielzustand einfach durch algorithmisches Handeln aus dem Anfangszustand ergibt. Das Handeln muss beim Problemlösen vom Denken gesteuert werden, wodurch die notwendigen Operationen erst gefunden oder richtig kombiniert werden müssen[18].

Damit stellt das Problem eine deutlich höhere Anforderung als eine Aufgabe, bei der diese Barriere fehlt, weil sich der Zielzustand mit Hilfe von Wissen oder bekannten Verfahren aus dem Anfangszustand ergibt. Ob ein Problem oder eine Aufgabe vorliegt, ist nicht nur von der Fragestellung, sondern auch vom Wissen und von den Erfahrungen des Problemlösers abhängig, da viele Probleme nach entsprechender Übung oder durch umfassendes Wissen für manche Personen nur noch eine Aufgabe darstellen. So kann eine Fragestellung, die für den Erwachsenen eine Aufgabe ist, für einen jüngeren Schüler durchaus ein Problem darstellen.

DÖRNER[19] unterscheidet drei Problemtypen, die im Wesentlichen durch die Arten von Barrieren charakterisiert sind:

---

[18] Vgl. Dörner 1976, S. 11ff
[19] Vgl. Dörner 1976, a.a.O.

1. Anfangs und Zielzustand sind klar definiert und auch die Operatoren sind bekannt. Man sagt auch, dass die Interpolation zwischen Anfangs- und Endzustand behindert ist (Interpolationsproblem). Lediglich die richtige Kombination der Problemlösungsoperatoren ist gefordert (Beispiel: Voraussetzungen und Behauptung eines mathematischen Satzes sind gegeben und auch die Art des Beweises ist bekannt).

2. Der Zielzustand ist zwar klar beschrieben, jedoch müssen die Mittel zum Erreichen dieses Zustandes bei der Problemlösung gefunden werden (Beispiel: im Gegensatz zum vorhergehenden Problemtyp ist die Beweismethode weder bekannt noch offensichtlich). Der Problemlösende muss sich also zunächst ein geeignetes Repertoire an Operationen zusammenstellen und synthetisieren. Das Operatorinventar ist zunächst noch offen. Viele Denksportaufgaben repräsentieren diese Art von Problemen, da die richtige Idee das Schwierige an der Lösung der meisten dieser Probleme ist und damit also eine gewisse Kreativität des Problemlösers gefordert wird (Syntheseprobleme).

3. Der Zielzustand (z. B. das Ergebnis) ist nicht genau bekannt und meist kann nur durch Komparativkriterien ein Lösungsweg eingeschlagen werden. Es handelt sich hier um die so genannten dialektischen Probleme (mehrdimensionale Barrieren), welche meist die größte Herausforderung an den Problemlöser stellen.

2.4.2 Strategien des Problemlösens

Wenn bei der Lösung von Problemen bestimmte geplante Handlungssequenzen angewendet werden und der Zielzustand über ein zielgerichtetes Verfahren erreicht wird, spricht man von einer Strategie oder Technik.

Eindeutig begrifflich abgegrenzt wird die Lösungsstrategie von den Begriffen Algorithmus und Prozedur, die festgelegte, sogar in Programmiersprachen definierbare und damit automatisierbare Handlungsabläufe beschreiben, und somit nicht zur Lösung eines Problems, sondern einer Aufgabe benutzt werden.

Dagegen sind heuristische Überlegungen durchaus als Teile einer Problemlösestrategie möglich, wobei allerdings unklar bleibt, ob sie wirklich einer erfolgreichen Problemlösung dienen. Ein Heurismus besteht aus einer Kette von Operationen, von der man sich verspricht, dass sie einen dem Ziel näher bringt. Die Gesamtheit der zur Verfügung stehenden Heurismen bildet die individuell differenzierte heuristische Struktur, bei deren Entwicklung Vorerfahrungen eine erhebliche Rolle spielen. Heurismen sind daher nicht immer Bestandteil eines zielgerichteten Verfahrens, können aber zur Problemlösung einen wertvollen Beitrag leisten. Veranschaulichung und Einsatz von Skizzen und Zeichnungen sind häufig Merkmale heuristischer Überlegungen.

Nach HEINZE[20] lassen sich zunächst zwei grundlegende Problemlösungsstrategien unterscheiden, die von POLYA[21] erstmals systematisch beschrieben und untersucht wurden, nämlich:

- das Vorwärtsarbeiten und
- das Rückwärtsarbeiten[22].

Unterscheidet man die Lösungsstrategien nach der verwendeten Vorgehensweise, lässt sich eine gewisse Stufenfolge im Hinblick auf die probierende und systematische Anwendung von Techniken und bezüglich der Vollständigkeit von Lösungen erkennen.

Die ersten drei Strategien zeichnen sich durch einen experimentellprobierenden Charakter aus, wobei man sie nach zunehmender Systematik und kombinatorischer Vollständigkeit der Methode abstufen kann:

1. Die einfachste Strategie, die man auch dem Bereich der heuristischen Überlegungen zuordnen kann, ist das *Versuch-Irrtum-Verhalten*. Unter bestimmten Bedingungen, z. B. wenn notwendige fachliche Voraussetzungen beim Problemlöser fehlen, oder in besonders unüberschaubaren Problemsituationen kann es das einzige erfolgversprechende Verfahren darstellen. Besonders von kreativen und experimentierfreudigen Schülern wird es häufig angewendet. Da das Versuch-Irrtum-Verfahren in der Regel ein zufälliges Raten ohne Fallunterscheidung und ohne Untersuchung auf weitere Lösungen ist, stellt es häufig nur den Anfang einer erfolgreichen Problemlösestrategie dar.

---

[20] Vgl. Heinze 2005, S. 81ff
[21] Vgl. Polya 1949
[22] Beispiele finden sich in den Abschnitten 1.1 und 1.2 in diesem Buch

2. Die nächste Stufe beim Problemlösungsverhalten ist das *methodische Probieren*, bei dem schon mehrere Lösungswege ausprobiert und bereits eine gewisse intuitive Fallunterscheidung durchgeführt wird. Allerdings handelt es sich hier noch nicht um eine vollständige systematische Berücksichtigung aller denkbaren Fälle. Mit diesem Verfahren kann zwar schon die Mehrdeutigkeit von Lösungen erkannt werden, jedoch gelingt es oft nicht, alle Lösungen zu ermitteln, weil bei der Suche nach weiteren Lösungen eine systematische Überprüfung der Vollständigkeit nicht stattfindet.

3. Diese Vollständigkeit wird erst durch das *kombinatorische Ausschöpfen aller Möglichkeiten* (STEIN[23]) erreicht, bei dem eine vollständige Fallunterscheidung durchgeführt wird und auf diesem Wege weitere Lösungen ausgeschlossen werden können. Bei dieser Lösungsstrategie sind bereits deutlich mehr fachliches Wissen und eine gewisse kombinatorische Kompetenz beim Problemlöser erforderlich.

Bei den folgenden drei Strategien tritt die experimentell-probierende Komponente der Problemlösung zurück zu Gunsten des Einsatzes von Problemlöseerfahrung, fachlichen Kenntnissen und systematisch-logischem Vorgehen:

4. Bei der *Analogiebildung* werden bekannte Gesetzmäßigkeiten bzw. Kenntnisse aus ähnlich gelagerten Problemlösungen benutzt, um bewährte und erfolgreiche Lösungsprinzipien auf ein neues Problem anzuwenden. Von einigen Autoren wird die Analogiebildung den heuristischen Verfahren zugeordnet. Manchmal ist sie verbunden mit intuitiven und plötzlichen Lösungsfindungen, die auf den unbewussten Einfluss vergangener Lösungserfahrungen zurückgehen können. Die Methode der Analogiebildung wird häufig und auch bevorzugt von normal begabten Schülern bei der Lösung von Aufgaben angewendet.

5. Eine weitere Strategie ist die *Teilzielbildung*[24], bei der über Teillösungen das Hindernis zwischen Anfangszustand und Zielzustand in mehrere kleinere Barrieren zerlegt wird. Diese Strategie gestattet Zwischenschritte und -ergebnisse und ist daher nur bei komplexeren Problemen anwendbar, die eine Zerlegung des Gesamtproblems

---

[23] Vgl. Stein 1996, S. 135
[24] Vgl. Abschnitt 1.1.2

in Detailprobleme ermöglichen. Eine Teilzielbildung erfordert eine Mittel-Ziel-Analyse, welche die Differenz zwischen dem momentan erreichten Zustand (ggf. Anfangszustand) und dem Zielzustand schrittweise verringern soll. Häufige Merkmale solcher Teillösungen sind Veranschaulichungen durch Skizzen oder eine Problemreduktion auf Spezialfälle, die leichter lösbar sind und manchmal wertvolle Hilfen für die Lösung des allgemeinen Problems darstellen. Beispielsweise kann eine Teillösung darin bestehen, dass in einem allgemeinen algebraischen Term eine Lösung für konkrete Zahlenwerte durchgeführt wird.

6. Das *logisch geleitete systematische Vorgehen* stellt eine ausgereifte Problemlösestrategie dar, die entsprechendes fachliches Vorwissen und eine logische Kompetenz erfordert. Es handelt sich dabei um ein konstruktives Verfahren, das in der Regel auch die Vollständigkeit der Problemlösungen beinhaltet. Indikatoren für solche Vorgehensweisen sind die Benutzung von Formeln und Gleichungen oder die Verwendung fachlicher Modelle. Für das logisch geleitete Vorgehen sind fachliche und fachsprachliche Kompetenz und die Kenntnis formaler Regeln notwendige Voraussetzungen. Darüber hinaus muss der Problemlöser in der Lage sein, das spezielle Problem fachlich angemessen zu modellieren.

Problemlösestrategien haben jedoch nicht nur eine methodische, sondern auch eine zeitlich-logische Dimension, welche sich in einer phasenhaften Zerlegung des Problemlösungsprozesses niederschlägt, etwa nach POLYA:

1. Verstehen des Problems

2. Aufstellen eines Plans

3. Ausführung des Plans

4. Rückschau[25]

Voraussetzung für die erfolgreiche Durchführung dieses Problemlösungsprozesses ist, dass das Problem in einer Weise repräsentiert wird, welche die Anwendung angemessener fachlicher Operatoren zu seiner Lösung zulässt.

---

[25] Vgl. Polya 1949

Der Übergang zwischen der ersten und zweiten Phase erfolgt in der Regel allmählich und ist häufig nicht klar lokalisierbar. In der zweiten Phase wird meistens die Strategie für die Problemlösung festgelegt und ausgearbeitet. Sowohl in der dritten als auch in der vierten Phase ist eine Evaluation der bisherigen Lösungsschritte bzw. der erfolgreichen Gesamtlösung erforderlich.

In der Literatur wird der idealtypische Verlauf eines Problemlöseprozesses in der Regel in Abhängigkeit vom Alter des Problemlösers gesehen. Während jüngere Schüler eher selten planvoll an die Lösung herangehen, ist Planung häufiger ein Merkmal für die Problemlösung durch Erwachsene oder ältere Jugendliche.

Abschließend soll auf eine Besonderheit hochbegabter Schüler bei der Lösung von komplexen Problemen eingegangen werden, welche die Beobachtung und Analyse ihres Problemlösungsverhaltens in vielen Fällen erschwert. Sie fallen in der Schule häufig dadurch auf, dass sie nur knappe und schwer nachvollziehbare Lösungswege verschriftlichen. Dies folgt teilweise aus ihrer Fähigkeit, auch komplexe Probleme ohne Zwischenschritte und entsprechende Aufzeichnungen im Kopf und damit für ihre Mitmenschen nicht wahrnehmbar zu bearbeiten. Im Extremfall besteht die Lösung lediglich aus dem Ergebnis. Hochbegabte halten kleinschrittige Vorgehensweisen häufig für überflüssig, weil sie „großräumiger" denken als normal begabte Menschen. Dies wurde bereits 2002 von BARDY & HRZÂN empirisch bei mathematisch begabten Grundschulkindern belegt[26].

In der Schule führt dies häufig zu Problemen, weil ihre wenig kommentierten und damit knappen Lösungen oft nicht den Erwartungen der Fachlehrer entsprechen. Dieser Mangel schlägt sich nicht selten in unangemessenen Beurteilungen ihrer Lösungen nieder, so dass sich mathematisch begabte Schüler manchmal nicht über eine herausragende Schulnote im Fach Mathematik identifizieren lassen (so genannte Underachiever).

---

[26] Vgl. Heinze 2005, S. 89

2.4.3 Problemlöseverhalten mathematisch begabter Schüler/innen – Forschungsstand

Das Problemlöseverhalten mathematisch begabter Schüler in der Sekundarstufe I, wie es für unsere Arbeit relevant ist, wurde bisher kaum untersucht. Untersuchungen zum Problemlöseverhalten mathematisch Begabter fanden bislang hauptsächlich bei Grundschulkindern statt.

1998 veröffentlichte FRIEDHELM KÄPNICK seine Untersuchung zum Thema „Mathematisch begabte Kinder. Modelle, empirische Studien und Förderungsprojekte für das Grundschulalter". Hauptziele seiner Untersuchung waren die Kennzeichnung spezifischer Merkmale für Dritt- und Viertklässler mit einer potenziellen mathematischen Begabung, sowie die Kennzeichnung verschiedener diesbezüglicher Begabungsausprägungen. Die Merkmale beziehen sich vor allem auf spezifische mathematische Fähigkeiten und Fähigkeitspotenziale von Dritt- und Viertklässlern sowie auf allgemeine Persönlichkeitseigenschaften der Schüler.

ASTRID HEINZE veröffentlichte 2005 ihre Dissertation zum „Lösungsverhalten mathematisch begabter Grundschulkinder" und ergänzte die Forschungen von KÄPNICK. Sie untersuchte, wie mathematisch begabte Grundschulkinder bestimmte Problemstellungen lösen, welche Besonderheiten im Lösungsverhalten in Abhängigkeit von der jeweiligen Problemstellung und im Unterschied zu „normal begabten" Kindern zu beobachten sind.

HEINZE konnte neben den bereits dargestellten mathematikspezifischen Begabungsmerkmalen von GARDNER, KRUTESKII, KIESSWETTER und KÄPNICK in ihren Untersuchungen zusätzliche Merkmale von mathematisch begabten Kindern aufdecken:

Metakognitive Fähigkeiten
Diese zeigen sich in einer bewussten Planung, Steuerung und Kontrolle des Lösungsprozesses, insbesondere in einer effektiveren Strategiewahl und einer bewussten Suche nach Strukturen und Gesetzmäßigkeiten.

Beweisbedürfnis
Ein Bedürfnis nach plausiblen mathematischen Erklärungen und ein Streben nach Erkenntnissen.

Hohe Begründungsqualität

Die Fähigkeit, exakte und vollständige Begründungen mathematischer Sachverhalte formulieren zu können.

Die 2006 erschienene Dissertation von MANDY FUCHS befasst sich mit den „Vorgehensweisen mathematisch potentiell begabter Dritt- und Viertklässler beim Problemlösen – Empirische Untersuchungen zur Typisierung spezifischer Problembearbeitungsstile". Untersucht wurden das Lösungsverhalten (u. a. Lösungsstrategien, Begründungsverhalten) von Dritt- und Viertklässlern mit einer potenziellen mathematischen Begabung beim Problemlösen und die Stabilität bzw. Instabilität der verschiedenen Vorgehensweisen im Verlauf eines oder zweier Grundschuljahre. Darüber hinaus wurden Faktoren betrachtet, die diese Vorgehensweisen beeinflussen und bedingen.

Da die Forschung im Bereich der mathematischen Begabung, speziell in den Bereichen der Problemlösung und der Lösungsstrategien, insbesondere bei Schüler/innen der Sekundarstufe I, noch nicht sehr weit fortgeschritten ist, sehen sowohl KÄPNICK, HEINZE als auch FUCHS noch erheblichen Forschungsbedarf[27]. Weitgehende Unklarheit besteht etwa im Bereich geschlechtsspezifischer Unterschiede, der Auswirkungen des täglichen Mathematikunterrichts auf die Vorgehensweisen von mathematisch begabten Kindern, der Rolle intuitiven Vorgehens sowie weiterer Faktoren, die den Problemlösestil beeinflussen, wie z. B. Tagesform und Umfeld des Probanden, besondere Wettereinflüsse (*sic!*), der jeweilige Lernpartner, Zufälligkeiten, u.v.m.

Die Ergebnisse meiner eigenen Untersuchung zu den Problemlösestrategien im Bereich Kombinatorik und Raumvorstellung[28] bestätigen im Wesentlichen entsprechende Untersuchungen bei begabten Grundschulkindern. Ähnlich wie FUCHS[29] dort das eher selten vorkommende systemhafte Vorgehen feststellte, konnte ich in meiner Untersuchung bei zunehmender Komplexität der Problemstellungen einen Rückgang des Anteils systematischer Strategien zu Gunsten der probierenden Strategien feststellen. Dem intuitiven Vortasten der Grundschulkinder, dem nach der Studie von FUCHS eine besondere Rolle zukommt, entspricht am ehesten das heuristische Vorgehen durch Veranschaulichung bei den von mir beobachteten Schülern der Sekundarstufe I.

---

[27] Vgl. Käpnick 1988, S. 288; Heinze 2005, S. 302; Fuchs, S. 296f
[28] Vgl. Debus 2006
[29] Vgl. Fuch, S. 279

Ebenso konnten als besonders bedeutsame fachliche und metakognitive Fähigkeiten und Merkmale die folgenden bestätigt werden:

- Fähigkeiten im Erfassen und Speichern mathematischer Sachverhalte (GARDNER[30])
- Umschalten von einer Operation zu einer anderen (KRUTESKII[31])
- Durchhaltevermögen und Frustrationstoleranz (KIESSWETTER[32])
- Beharrlichkeit, Selbstständigkeit und Kooperationsfähigkeit (KÄPNICK[33])

2.5 Wie fördern wir mathematische Begabung? Zum Konzept des Buches und des zugrunde liegenden Kurses

2.5.1 Förderansätze im Überblick

In der Begabtenförderung gibt es allgemein unterschiedliche Möglichkeiten und Konzepte, die in der Praxis auch kombiniert werden können. Die bekanntesten Förderkonzepte sind:

Enrichment verbreitert oder vertieft die Themen und Fächer des Lehrplans oder nimmt neue Lernstoffe auf, die im normalen Unterrichtspensum überhaupt nicht enthalten sind.

Akzeleration ist auf eine verkürzte Absolvierung der Schulzeit ausgerichtet. Zu den Akzelerationsmaßnahmen gehören die frühzeitige Einschulung, das Überspringen von Schulklassen oder ein fachbezogener Teilunterricht in höheren Klassen.

Grouping bezeichnet Angebote, welche Kindern und Jugendlichen mit hohen kognitiven Kompetenzen oder mit Spezialbegabungen ermöglichen, in und außerhalb von Unterricht bzw. Schule in leistungshomogenen oder begabungshomogenen Gruppen zusammen mit Gleichaltrigen zu lernen.

---

[30] Vgl. Heller 1991, S. 19f
[31] Vgl. Kruteskii 1976
[32] Vgl. Kießwetter 1992
[33] Vgl. Käpnick 1998, S. 119

Förderung des eigenständigen Lernens (z.B. durch Einbringung einer besonderen Lernleistung in der Abiturprüfung)

Öffnen von Schule durch Unterricht an außerschulischen Lernorten, Kooperation mit außerschulischen Partnern

Lernberatung[34]

2.5.2 Das Siegener Förderkonzept

Träger der Siegener Begabtenförderung ist der *Verein zur Förderung hochbegabter Kinder und Jugendlicher Südwestfalen e. V.*. Mitglieder des Vereins sind Vertreter aus Schule, Universität und der schulpsychologischen Beratungsstelle sowie interessierte Eltern und Förderer. Die Kursleiter sind in der Regel Dozenten der Universität oder Lehrer mit besonderen Kenntnisschwerpunkten. Die Schulpsychologen der Regionalen Schulberatungsstelle für den Kreis Siegen-Wittgenstein beraten bei der Planung des Kursprogramms und bei der Auswahl der Teilnehmer.

Die Siegener Fördermaßnahmen gehören in der Regel zu den „Enrichment"- Konzepten. Aus einem breit gefächerten Angebot an Förderkursen können sich allgemein begabte und von der Schule empfohlene Schüler ab Klasse 6 mit Zustimmung der Eltern für einen Kurs ihrer Wahl und Interessenlage entscheiden. Die Inhalte haben in der Regel kaum Überschneidungen mit dem schulischen Lernstoff, damit die Teilnehmer ihren Vorsprung zu den Klassenkameraden in den einzelnen Fächern nicht noch vergrößern, sondern ihr Wissen erweitern und vertiefen.

Unseren Kurs für mathematisch begabte (und interessierte) Schülerinnen und Schüler der 5. bis 8. Klasse haben wir wie folgt angekündigt:

Mathematik: Problemlösen

Ihr interessiert euch für Mathematik? Ihr habt auch und gerade an solchen Aufgaben Spaß, wo man nicht sofort etwas rechnen muss, sondern erst einmal gründlich überlegen, das Problem von verschiedenen Seiten betrachten und auch einmal etwas länger knobeln muss? In diesem Kurs wollen wir uns mit genau solchen mathematischen Problemen beschäftigen und Tipps und Strategien kennen lernen und erproben, wie man auch an solche Aufgaben planvoll herangehen kann.

---

[34] Vgl. BLK 2001, S. 6ff

Der *Mathematikkurs: Problemlösen* richtet sich an Schülerinnen und Schüler der unteren Sekundarstufe (Klasse 5 bis 8). Im Kurs werden Problemaufgaben aus Geometrie, Kombinatorik und Zahlentheorie behandelt, d. h. Aufgaben, bei denen nicht sofort offensichtlich ist, welches Verfahren zum Erfolg führt. Der Kurs soll insbesondere dazu dienen, die Schülerinnen und Schüler mit Herangehensweisen und Strategien bei solchen *offenen Aufgaben* vertraut zu machen und allgemein ihr Interesse auch für Gebiete der Mathematik zu fördern, die im Alltagsgeschäft des Mathematikunterrichts eine eher untergeordnete Rolle spielen.

Damit verfolgte der Kurs eine Kombinationsform aus *Enrichment* und *Grouping*. In einer Gruppe von potentiell mathematisch begabten Kindern unterschiedlicher Schulen und Klassenstufen wurden mathematische Themen erweitert und vertieft. Über die genauen Inhalte können Sie sich anhand des ersten Kapitels dieses Buches einen Eindruck verschaffen.

Ablauf der Sitzungen

Der generelle Ablauf der einzelnen 90-Minuten-Sitzungen orientierte sich an dem folgenden Rahmen:

Zu jedem der im ersten Kapitel angeführten Themen wurden den Teilnehmer/innen zu Beginn der Sitzung zunächst einige Aufgaben gestellt. Die Bearbeitung erfolgte in Zwei-Zu-Zwei-Gruppen (je zwei Studierende und je zwei Schüler/innen). Den Studierenden waren die Lösungen der Aufgaben bekannt, sie hatten aber ausdrückliche „Order" den Kindern Einhilfen nach Möglichkeit gemäß dem *Prinzip der minimalen Hilfe* (AEBLI) zu geben, also zunächst nur solche Informationen zur Verfügung zu stellen, die auch nachgefragt wurden. Im Anschluss an die Bearbeitungs- und Besprechungsphase folgte ein kleiner Informationsinput zu dem jeweiligen mathematischen Thema. Darauf aufbauend wurden anschließend weitere Aufgaben von den Schülern bearbeitet und schließlich besprochen.

Ein ähnliches Konzept ließe sich bei entsprechender Schulung von „Lernbegleitern" im schulischen Rahmen etwa auch durch eine Teambildung von je zwei älteren (Oberstufen-)Schülerinnen als Lernbegleiter mit je zwei jüngeren (Unterstufen-)Schülerinnen als eigentlichen Teilnehmer/-innen realisieren. Unsere Erfahrungen sprechen jedenfalls sehr dafür, dass in einem derartigen Arrangement *alle Beteiligten* viel voneinander lernen können.

Anhang

Literatur

Aamann, F. 1991: Matherhorn: 111 Aufgaben zur Begabtenförderung. Stuttgart.

Arbeitsgemeinschaft Didaktische Innovation für Geometrisches Zeichnen / Darstellende Geometrie beim ADG – Fachverband der Geometrie 2000: ADI2000 CD-ROM – Demoversion. Graz/ Internet: *http://www.htlortwein-graz.ac.at/adi/index.html* .

Bauersfeld, H. 2007: Für kleine Mathe-Profis. Köln.

Bayrisches Staatsministerium für Landwirtschaft und Forsten 2006: Ländliche Entwicklung in Bayern. München.

Beutelspacher, A. 1997: Minus mal Minus gibt Plus – Mathematische Denkspiele. Augsburg.

Beutelspacher, A. 2001: „In Mathe war ich immer schlecht...". Braunschweig [u.a.].

Bewersdorff, J. 1998: Glück, Logik und Bluff. Mathematik im Spiel – Methoden, Ergebnisse und Grenzen. Braunschweig 1998.

Birx, E. 1988: Mathematik und Begabung – Evaluation eines Förderprogramms für mathematisch besonders befähigte Schüler. Hamburg.

Büchter, A. 2005: Ein Spiel mit merkwürdigen Würfeln. In: Praxis der Mathematik in der Schule, 47 (4), S. 45-46.

Bund-Länder-Kommission (BLK) für Bildungsplanung und Forschungsförderung (Hrsg.) 2001: Begabtenförderung – ein Beitrag zur Förderung von Chancengleichheit in Schulen – Orientierungsrahmen. Materialien zu Bildungsplanung und Forschungsförderung, Heft 91 (2001). Bonn/ Internet: *http://www.blk-info.de/fileadmin/BLK-Materialien/heft91.pdf* .

Dahl, K./ Nordqvist, S. 1996: Zahlen, Spiralen und magische Quadrate – Mathe für jeden. Hamburg.

Danckwerts, R./ Vogel, D./ Bovermann, K. 1985: Elementare Methoden der Kombinatorik. Wiesbaden.

Debus, S. 2006: Problemlösungen mathematisch begabter Schulkinder bei Aufgaben zur Kombinatorik und zur Raumvorstellung – Beobachtungen aus der Siegener Begabtenförderung. Schriftliche Hausarbeit im Rahmen der Ersten Staatsprüfung für das Lehramt an Grund-, Haupt-, Real- und Gesamtschulen, Studienschwerpunkt Grundschulen. Siegen / Internet: *http://myref.de/?63869* .

Feger, B. 1988: Hochbegabung. Chancen und Probleme. Bern.

Fels, C. 1999: Identifizierung und Förderung Hochbegabter in den Schulen der BRD. Bern [u. a.].

Fuchs, M. 2006: Vorgehensweisen mathematisch potentiell begabter Dritt- und Viertklässler beim Problemlösen. Empirische Untersuchungen zur Typisierung spezifischer Problembearbeitungsstile. Berlin.

Gallin, P. 1998: 101 Mathematikaufgaben – Übungen zwischen Alltag und Abstraktion. Köln.

Gardner, M. 1980: Mathematische Rätsel und Probleme. Braunschweig.

Giersbeck, M. o.J.: Intelligenztest –Konstruktive Lernstrategien. Internet *http://www.giersbeck.de/iq.htm* .

Goleman, D. 1999: Emotionale Intelligenz. München.

Gritzmann, P./ Brandenberg, R. 2005: Das Geheimnis des kürzesten Weges – ein mathematisches Abenteuer. Berlin [u.a.].

Haase, K./ Thielen, R. 1995: Spiele, Spaß und Strategien. Verlten.

Hauke, W. 2006: Spiel und Mathematik. Vorlesung an der Kinderuni (21. 11. 2006). Kempten/ Internet *http://myref.de/?63868* .

Heinze, A. 2005: Lösungsverhalten mathematisch begabter Grundschulkinder. Aufgezeigt an ausgewählten Problemstellungen. Münster.

Heinzerling, J./ Reuter H. 1968: Siegerländer Wörterbuch. Siegen.

Heller, K. 1991: Begabungsdiagnostik in der Schul- und Erziehungsberatung. Bern [u.a.].

Heller, K. 2001: Hochbegabung im Kindes- und Jugendalter. (2. überarbeitete und erweiterte Auflage). Göttingen.

Herget, W./ Jahnke, T./ Kroll, W. 2005: Produktive Aufgaben für den Mathematikunterricht in der Sekundarstufe I. Berlin.

Hofmann, J. 2006: Kombinatorische Spieltheorie am Beispiel von NIM und Euklid. Schriftliche Hausarbeit im Rahmen der Ersten Staatsprüfung für das Lehramt an Realschulen. Würzburg/ Internet: *http://www.mathematik.uni-wuerzburg.de/ steuding/hofmann.pdf* .

Janko, O. u. A. o.J.: Rätsel, Puzzles und anderer Denksport. Internet: *http://janko.at/Raetsel/index.htm* .

Käpnick, F. 1998: Mathematisch begabte Kinder. Modelle, empirische Studien und Förderungsprojekte für das Grundschulalter. Frankfurt am Main.

Kießwetter, K. 1992: „Mathematische Begabung" – Über die Komplexität der Phänomene und die Unzulänglichkeiten von Punktbewertungen. Der Mathematikunterricht, 38 (1), S. 5 – 10.

Kirsch, A. 1994: Mathematik wirklich verstehen. Köln.

Kruteskii, V.A. 1976: The Psychology of Mathematical Abilities in School-children. Chicago, London.

Mason J. u.a. 2005: Mathematisch Denken – Mathematik ist keine Hexerei. München/ Wien.

Mayer, W. 2002: Lösungsstrategien für mathematische Aufgaben. Köln.

Möbius, S. 2006: Warum wir Ostern die Eier suchen. Internet: *http://myref.de?65986* .

Mönks, F. J./ Ypenburg, I. H. 2000: Unser Kind ist hochbegabt – Ein Leitfaden für Eltern und Lehrer. 3. Auflage. München, Basel.

Polya, G. 1949: Schule des Denkens. Vom Lösen mathematischer Probleme. Bern.

Renzulli, J.S. 2003: Operation Houndstooth. Vortragsskript vom Kongress des ICBF „Curriculum und Didaktik der Begabtenförderung. Begabungen fördern, Lernen individualisieren". Münster.

Roth-Sonnen, N. u.a. 2005: Eins Plus: Begabung fördern im Mathematikunterricht – Knobel-Aufgaben für die 7. und 8. Klasse. Berlin.

Schmitt, E. u.a. 2004: Eins Plus: Begabung fördern im Mathematikunterricht – Knobel-Aufgaben für die 5. und 6. Klasse. Berlin.

Selter, Chr./ Spiegel, H. 2004: Zählen ohne zu zählen. In: Müller, G. (Hrsg.) 2004: Arithmetik als Prozess. Seelze.

Stein, M. 1996: Elementare Bausteine der Problemlösefähigkeit: Problemlösetechniken. In: Journal für Mathematikdidaktik, 17 (2), S. 123 – 146.

Stengel, A. 2002: Die Raumvorstellung mathematisch interessierter und begabter Schülerinnen und Schüler.In: Mathematik Lehren, Nr. 115, S. 63 – 65.

Stern, W. 1928: Die Intelligenz von Kindern und Jugendlichen und die Methoden ihrer Untersuchungen. (4. Auflage). Leipzig.

Bildquellennachweis

Seite 3: Originalillustration aus „Alice im Wunderland" von John Tenniel, 1865, gemeinfrei.

Seite 21: Schweizerische Nationalbank, urheberrechtlich ungeschützt.

Seiten 33, 34: Bayerisches Staatsministerium für Landwirtschaft und Forsten 2006.

Seite 42: National Aeronautics and Space Administration, gemeinfrei.

Seiten 47, 51, 70: Wikimedia Commons, gemeinfrei.

Seiten 48, 49: Schmitt, E. u.a. 2004.

Seiten 50, 51: Giersbeck o.J.

Seiten 53, 54: Arbeitsgemeinschaft Didaktische Innovation für Geometrisches Zeichnen / Darstellende Geometrie beim ADG – Fachverband der Geometrie 2000.

Seite 55: Gardner 1980.

Seite 65: „Jeu des dames" von Louis-Léopold Boilly, ca. 1803, gemeinfrei.

Seite 77: Selter, Chr./ Spiegel, H. 2004.

Seite 82: Kirsch, A. 1994.

Seite 88: Lehrstuhl für Experimentelle und Angewandte Psychologie, Universität Regensburg, Intenet *http://myref.de?63922* .

Kontaktadressen und Internetverweise

Überregional: Bundesweit/ Deutschsprachiges Ausland

Hochbegabtenförderung e.V.
Bundesgeschäftsstelle
Vorstand: Karsten Otto
Am Pappelbusch 45
44803 Bochum

Telefon: 0234-93 56 70
Fax: 0234-9 35 67 25
Internet: http://www.hbf-ev.de
Email: bochum@hbf-ev.de

Deutsche Gesellschaft für das hochbegabte Kind e.V.
Bundesgeschäftsstelle
Hilde Brekow
Schillerstr. 4-5
10625 Berlin

Telefon: 030-34 35 68 29
Fax: 030-34 35 69 25
Internet: http://www.dghk.de
Email: dghk@dghk.de

Mathematik-Olympiaden in Deutschland e.V.
Geschäftsstelle
Wissenschaftszentrum
Tanja Weck
Postfach 20 14 48
53144 Bonn

Telefon: 0228-95915 25
Fax: 0228-95915 29
Internet: http://www.mathematik-olympiaden.de/
Email: mo@uni-rostock.de.

Bundesministerium für Bildung und Forschung

Im Internetangebot des Bundesministeriums erhalten Sie aktuelle Informationen zu Angeboten, Konzepten und Zielen der Begabtenförderung.

Allgemein: http://www.bmbf.de/de/762.php
Schülerwettbewerbe: http://www.bmbf.de/de/432.php

Österreichisches Zentrum zur Begabtenförderung und Begabungsforschung

Auf den Internetseiten des Österreichischen Zentrums für Begabtenförderung findet man zahlreiche wissenschaftliche Aufsätze und Handreichungen für den Umgang mit begabten Kindern und Jugendlichen, die auch für deutsche Eltern und Lehrpersonen interessante Anregungen und Informationen enthalten.

Wissenschaftliche Texte zum Thema Begabung:
http://www.begabtenzentrum.at/wcms/index.php?id=6,0,0,1,0,0
Handreichungen für Eltern und Lehrpersonen:
http://www.begabtenzentrum.at/wcms/index.php?id=297,0,0,1,0,0

Überregional: Nordrhein-Westfalen

Ministerium für Schule und Weiterbildung des Landes NRW

Die Internetseiten „Chancen-NRW" bieten Informationen über regionale und überregionale Beratungsangebote in NRW, über Konzepte und Wege individueller Förderung sowie über Materialien und Beispiele gelungener Praxis.

Internet: http://www.bildungsportal.nrw.de/Chancen/

Landesverband Mathematik Wettbewerbe NRW e.V.

Geschäftsstelle
Spindelstraße 120a
33604 Bielefeld

Telefon: 0521-285393
Fax: 0521-2702703
Internet: http://www.mathe-nrw.de
Email: kontakt@mathe-nrw.de

Verein zur Förderung hochbegabter Kinder und Jugendlicher Südwestfalen e.V.
c/o Regionale Schulberatung für den
Kreis Siegen-Wittgenstein
Friedrichstraße 47
57072 Siegen

Telefon: 0271-2 10 89
Fax: 0271-2 10 80
Internet: http://www.begbate-siegen.de/
Email: webmaster@begabte-siegen.de

Allrounders Challenge – Vielseitigkeitswettbewerb Mathematik – Sport – Musik
Kontaktperson: Stefanie Büscher
Gläserstr. 88
57074 Siegen

Telefon: 0271-23 67 662
Email: info@allrounders-challenge.de
Internet: http://www.allrounders-challenge.de

Mathematik-Olympiade-Siegerland e.V.
St.-Michael-Str. 27
57072 Siegen

Telefon: 0271/42088
Email: mos@gymnasium-netphen.de
Internet: http://san.hrz.uni-siegen.de/olympia/index.html

Lösungen zu den Aufgaben aus Kapitel 1

Abschnitt 1.1:

Aufgabe 1:

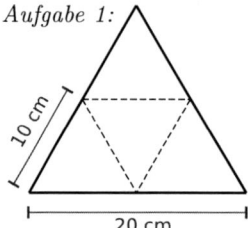

Schubfachprinzip: Im großen gleichseitigen Dreieck lassen sich 4 kleine Teildreiecke eintragen. Schießt man fünf mal auf die Scheibe, so landen wenigstens zwei Treffer innerhalb ein und desselben Dreiecks oder jedenfalls auf seinen Kanten (wobei ein Einschussloch ja auch noch einen gewissen Durchmesser hat). Innerhalb eines kleinen Dreiecks beträgt der Abstand aber immer höchstens 10 cm.

Man kann also sicher nicht fünf mal auf die Scheibe schießen, so dass der Abstand immer größer als 10 cm ist. Das Spiel ist damit nicht zu gewinnen und damit sittenwidrig.

Aufgabe 2:

Rückwärtsarbeiten: Man liest die Aufgabe „von hinten" und kehrt die Rechenoperationen um:

$$12 + 4 = 16 \qquad 16 : 2 = 8$$
$$8 + 2 = 10 \qquad 10 : 2 = 5$$
$$5 + 1 = 6 \qquad 6 : 2 = 3$$

Er hatte anfangs also 3 Gulden.

Aufgabe 3:

Bei dieser Aufgabe muss man genau die Übereinstimmung zwischen Problem (Testament) und (scheinbarer) Lösung überprüfen.

Es stimmt natürlich, dass $\frac{9}{18} = \frac{1}{2}$, $\frac{6}{18} = \frac{1}{3}$ und $\frac{2}{18} = \frac{1}{9}$. Dass man ein Kamel abziehen kann liegt nun daran, dass die Summe $\frac{9}{18} + \frac{6}{18} + \frac{2}{18} = \frac{17}{18}$ ist, also das Testament gar nicht alle Kamele aufteilen würde (wenn es denn 18 wären).

Streng genommen kann man das Testament gar nicht erfüllen, bei der Lösung des Mathematikers hätte der erste Sohn nun ja auch $\frac{9}{17}$ und das ist eben (ein bisschen) mehr, als ihm laut Testament eigentlich zustehen würde.

Aufgabe 4

Rückwärtsarbeiten: Der dritte Freier bekam die Hälfte der Pflaumen und noch drei, dann war der Korb leer. Also waren vorher doppelt so viele, also sechs Pflaumen im Korb. Dann die eine vom zweiten dazu und wieder verdoppeln macht 14. Das selbe Spiel für den ersten macht 30. Es waren also ursprünglich 30 Plaumen im Korb.

Abschnitt 1.2:

Lösungen zu den Sudokus:

8	2	7	3	9	1	5	4	6
4	5	9	6	2	8	1	3	7
3	6	1	5	7	4	2	9	8
7	8	5	4	3	9	6	2	1
2	1	3	8	5	6	9	7	4
6	9	4	2	1	7	8	5	3
9	7	6	1	4	1	3	8	5
1	3	2	7	8	5	4	6	9
5	4	8	9	6	3	7	1	2

9	6	3	1	4	8	5	7	2
1	2	5	3	6	7	9	8	4
7	8	4	9	2	5	1	6	3
5	4	9	7	8	3	6	2	1
6	3	2	4	1	9	8	5	7
8	7	1	2	5	6	3	4	9
4	5	7	8	3	1	2	9	6
3	9	6	5	7	2	4	1	8
2	1	8	6	9	4	7	3	5

Aufgabe 1

Eine Tabelle kann helfen, man kann es sich auch ohne klar machen: Der Mathelehrer unterrichtet nicht Sport. Herr Fuchs ist nicht der Mathelehrer. Herr Groß ist der älteste der drei, ist weder Englisch- noch Biologielehrer. Er kommt außerdem zu Fuß, ist also weder Mathe- noch Sportlehrer. Demnach unterrichtet Herr Groß Deutsch und Kunst. Der Jüngste, Herr Hübner, ist Biologielehrer. Er unterrichtet, da weder Herr Fuchs noch Herr Groß Mathelehrer sind, außerdem Mathematik. Herr Fuchs vertritt somit die übrigen Fächer Englisch und Sport.

Aufgabe 2

Der Kollege hat Recht, die Behauptung stimmt nicht. In der Klasse stehen 29 Schüler Drei und besser, dass heißt fünf Schüler stehen Vier und schlechter.16 Jungen stehen Drei und besser, also müssen 13 Mädchen auch Drei und besser stehen. Demzufolge stehen drei Jungen und zwei Mädchen Vier und schlechter. Von den 29 Schülern haben 17 Jungen und zwölf Mädchen Religionsunterricht. Davon sollen 13 Jungen Drei und besser stehen. Daraus ergibt sich aber nun ein Widerspruch, da dann vier Jungen Vier und schlechter stehen müssten. Dieses ist nicht möglich, weil überhaupt nur drei Jungen insgesamt Vier und schlechter stehen.

Aufgabe 3

Die Astronauten fragen: „Wohnen Sie in dieser Stadt?" Befinden sie sich in Mars-Polis, wird der Marsmensch „Ja" sagen, egal wo er herkommt. Sind sie in Mars-City gelandet, wird die Antwort „Nein" lauten.

Aufgabe 4

Zuerst mal alle Aussagen einfach und positiv formuliert:
A: Heute ist Montag.
B: Heute ist Mittwoch.
C: Heute ist Dienstag.
D: Heute ist entweder Donnerstag, Freitag, Sonnabend oder Sonntag.
E: Heute ist Freitag.
F: Heute ist Mittwoch.
G: Gestern war nicht Sonnabend.
Es darf nur eine Aussage wahr sein. G hat an allen Tagen außer Sonntag recht. Da A, B, C und D aber schon jeden Tag der Woche einschließen, kann G nicht recht haben, denn es darf ja nur eine Aussage richtig sein. Deshalb muss G falsch liegen. Das Gespräch fand also am Sonntag statt. Dies wir nur von D behauptet, d.h. nur die Aussage von D ist richtig.

Alternativlösung :
Angenommen, es ist Montag, dann stimmen A und G.
Angenommen, es ist Montag, dann stimmen A und G.
Angenommen, es ist Dienstag, dann stimmen C und G.
Angenommen, es ist Mittwoch, dann stimmen B, F und G.
Angenommen, es ist Donnerstag, dann stimmen D und G.
Angenommen, es ist Freitag, dann stimmen D und G.
Angenommen, es ist Samstag, dann stimmen D und G.
Angenommen, es ist Sonntag, dann stimmt nur D.
Da nur eine Aussage wahr ist, muss das Gespräch am Sonntag stattgefunden haben.

Aufgabe 5

Der Ritter sollte so oft wie möglich 21 Köpfe abschlagen, damit keine neuen nachwachsen. Also $1000 - 21 \cdot 47 = 13$. Von den 13 übrigen Köpfen müsste er einen abschlagen dann bleiben zwölf plus die zehn nachgewachsenen, also 22. Nun kann er wieder 21 Köpfe abschlagen ohne dass einer nachwächst. Den letzen Kopf kann er dann ebenfalls abschlagen und somit den Drachen besiegen.

Aufgabe 6

Das Sudoku lässt sich bis zu folgendem Punkt noch eindeutig lösen:

3	8	6	**A**	2	**B**	4	9	7
1	2	5	7	4	9	6	3	8
9	7	4	6	8	3	5	2	1
4	9	3	**B**	7	**A**	8	6	2
7	6	1	8	3	2	9	5	4
8	5	2	4	9	6	7	1	3
6	3	7	2	5	8	1	4	9
2	1	8	9	6	4	3	7	5
5	4	9	3	1	7	2	8	6

Bei **A** und **B** weiss man hingegen nicht, welcher von beiden Buchstaben durch die Eins und welcher durch die Fünf ersetzt werden muss.

Man kann das Sudoku eindeutig lösbar machen, indem man in eines dieser vier Felder eine Eins oder eine Fünf einträgt.

Abschnitt 1.3:

Aufgabe 1

Zuerst stellen wir die drei Merkmale der Außerirdischen als Kreise (Mengen[35])
dar und tragen die angegebenen Zahlen in die richtigen Felder ein:

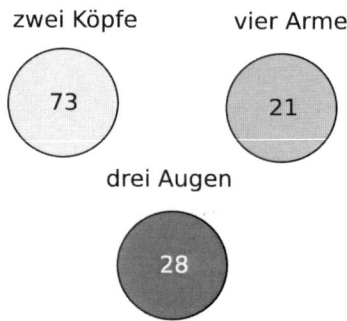

Weil es aber auch Außerirdische gibt, die nicht nur zwei Köpfe, sondern auch
drei Augen haben, gehören die zu zwei Mengen und sind also doppelt gezählt,
also einmal zuviel. Andere haben sogar alle drei Merkmale und sind deshalb
dreimal gezählt, also zweimal zuviel. Das sieht man auch daran, dass sich ja
nur 100 Außerirdische zur Konferenz treffen, die Summe von 73, 21 und 28 aber
122 ergibt.

Jetzt brauchen wir also eine neue Zeichnung, in der die Mengen sich schneiden.
In die tragen wir auch die restlichen Zahlen ein:

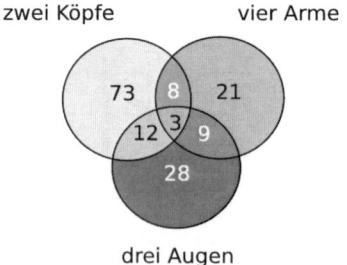

---

[35] Vornehm nennt man diese Darstellung ein Venn-Diagramm.

Damit können wir die Anzahl der Außerirdischen berechnen, die eins oder mehrere Merkmale besitzen:

$73 + 28 + 21 = 122$ haben wir oben schon ausgerechnet. Davon ziehen wir die Zahlen in den Schnitten ab, also 12, 8 und 9, weil die ja doppelt gezählt wurden. Das ergibt 93. Jetzt haben wir aber die drei, die alle Merkmale besitzen und deshalb in allen Schnitten mitgezählt wurden, dreimal abgezogen, obwohl wir eben gesagt haben, dass sie zweimal zuviel gezählt wurden. Also müssen wir den Fehler beheben und einmal drei addieren. Das ergibt 96. In dieser Zahl ist nun kein Außerirdischer mehr doppelt gezählt und wir wissen, dass es nur vier gibt, die keines der Merkmale besitzen, weil $100 - 96 = 4$ ist. Fasst man alle einzelnen Schritte zu einem zusammen, sieht die Rechnung so aus:

$$100 - (73 + 28 + 21 - 12 - 8 - 9 + 3) = 4$$

Aufgabe 2

a)

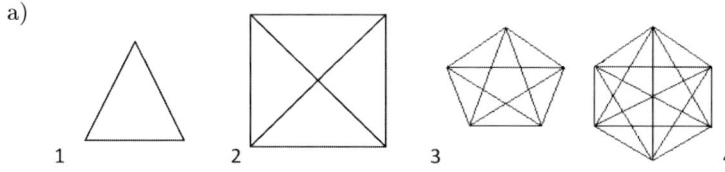

1   2   3   4

b)   Man kann die Figuren 1 und 3 in einem Zug zeichnen, also die Figuren, die aus einer ungeraden An40zahl an Punkten bestehen. So schneiden sich in jedem Punkt eine gerade Anzahl von Linien, so dass man beim Zeichnen zu dem Punkt hinkommen kann und auch wieder weg.

c)   Das ist bei den Figuren 2 und 4 nicht möglich, die aus einer geraden Anzahl an Punkten bestehen.

Aufgabe 3

a) MISSISSIPPI

Die Zahl der Möglichkeiten insgesamt ist einfach zu bestimmen: Man hat 11 Kärtchen und wieder 11 Möglichkeiten, die erste Karte huinzuzulegen, 10 für die zweite usw. also insgesamt:

$$11 \cdot 10 \cdot 9 \cdots 8 \cdot 7 \cdot 6 \cdot 5 \cdot 4 \cdot 3 \cdot 2 \cdot 1 = 39916800$$

In dem Wort kommen vier S, vier I und zwei P vor, die man untereinander vertauschen kann. Die Buchstaben S und I kann man auf jeweils 24 verschiedene Arten anordnen. Das kann man leicht mit Zahlen herausbekommen:

121

$$1234; \quad 1243; \quad 1324; \quad 1342; \quad 1423; \quad 1432;$$
$$2341; \quad 2314; \quad 2431; \quad 2413; \quad 2134; \quad 2143;$$
$$3124; \quad 3142; \quad 3214; \quad 3241; \quad 3421; \quad 3412;$$
$$4123; \quad 4132; \quad 4213; \quad 4231; \quad 4312; \quad 4321$$

Oder, wenn man den Begriff Fakultät kennt: $4! = 1 \cdot 2 \cdot 3 \cdot 4 = 24$

Außerdem gibt es zwei Möglichkeiten für die beiden P und damit kommen wir auf die Lösung: $24 \cdot 24 \cdot 2 = 1152$ Zufällig wird man das Wort damit in weniger als drei Tausendstel Prozent aller Fälle hinlegen (Es ist aber immer noch gut viermal so wahrscheinlich wie ein Sechser im Lotto).

b) ANANAS

Hier hat man analog $6! = 6 \cdot 5 \cdot 4 \cdot 3 \cdot 2 \cdot 1 = 720$ Möglichkeiten insgesamt.

In dem Wort kommen drei A und zwei N vor. Für die zwei N gibt es zwei und für die drei A gibt es sechs Möglichkeiten:
123;   132;   213;   231;   312;   321   bzw. $3! = 1 \cdot 2 \cdot 3 = 6$.

Also ist die Lösung $6 \cdot 2 = 12$.

Hier wird man das Wort zufällig immerhin in etwa $1,6\%$ alle Fäller hinlegen, also gut 800 mal so oft wie bei MISSISSIPPI.

Aufgabe 4

In einen Kasten passen 12 Flaschen. Wir bestimmen die Möglichkeiten:

1 Flasche Mineralwasser	−	11 Flaschen Limonade
2 Flaschen Mineralwasser	−	10 Flaschen Limonade
3 Flaschen Mineralwasser	−	9 Flaschen Limonade
⋮	⋮	⋮
11 Flaschen Mineralwasser	−	1 Flasche Limonade

Das sind 11 Möglichkeiten.

Abschnitt 1.4

Aufgabe 1: Es gibt 25 Möglichkeiten. 26 Möglichkeiten gibt es nicht, da eine Verschiebung von A auf A nur sehr bedingt sinnvoll wäre.

Aufgabe 2: a) A=H b) A=Z

Aufgabe 3

a)   Himpelchen und Pimpelchen stiegen auf einen hohen Berg
b)   einmal Pommes Mayo und Ketchup
c)   Esel essen Nesseln nicht Nesseln essen Esel nicht

Diese Aufgabe kann man gut mit einer Häufigkeitsanalyse lösen. Man sucht sich den Buchstaben mit der größten Häufigkeit aus. Dieser ist vermutlich das *E* oder das *N*. Dann probieren, ob es Sinn ergibt.

Aufgabe 4

a)   Schlüsselwort: IN
b)   Schlüsselwort: Herr der Ringe die Gefaehrten

Im Vergleich zu Caesar wurde nicht alle Buchstaben um denselben Abstand verschoben. Stattdessen wird jeweils um die Position der einzelnen Buchstaben des Schlüsselwortes im Alphabet verschoben, so werden bei a) die ungeraden Stellen um 8, die geraden Stellen um 13 Buchstaben verschoben.

Aufgabe 5: Die Lösung lautet „Mops du hast du Gans gestohlen.", das Schlüsselwort lautet „Apfel".

Aufgabe 6: Der Geburtstag ist der 23. November, die Einladung lautet:
„Ich lade Dich herzlich ein, am dreiundzwanzigsten November um vierzehn Uhr zum Bowlen ins SI-Haus nach Geisweid."

Aufgabe 7: Die fehlenden Buchstaben heißen „GNU", der Klartext der Nachricht lautet:
„Das Attentat soll am ersten Freitag im März stattfinden, wenn der Bürgermeister am unteren Schloss seine Rede hält."

Aufgabe 8: Die Lösungssätze lauten „Der erste Satz ist richtig" und „Hier ist was vertauscht".
Beim zweiten Satz tauschen Zeilen und Buchstabe in der Zeile die Rollen.

Abschnitt 1.5

Aufgabe 1

Folgende Netze lassen sich zu Würfeln falten: A, B, C, E .
Bei Netz D überlappen sich die Fläche rechts oben außen und die Fläche links unten.
Es gibt elf verschiedene Würfelnetze:

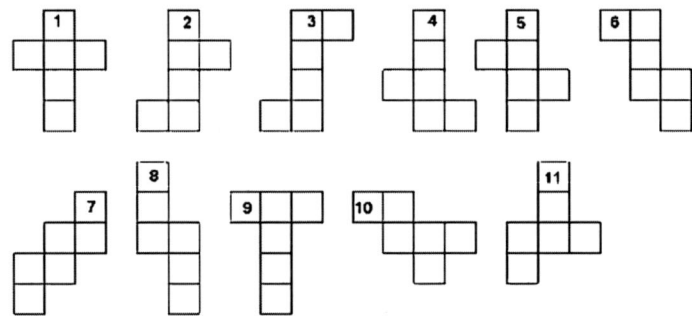

Aufgabe 2

Bei Netz C überlappen zwei Flächen, also funktionieren nur A und B.
Es gibt mindestens vier weitere mögliche Netze.
Zum Beispiel:

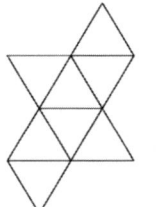 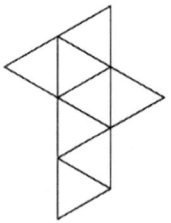

Aufgabe 3

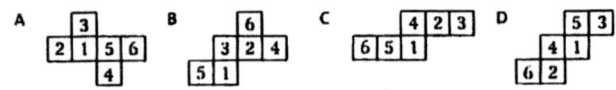

Aufgabe 4

1. Da die beiden kürzeren Flächen (bei weitem) zusammen nicht die Länge der langen Fläche erreichen, wird man nicht ohne Biegung der letzteren auskommen, wenn man einen geschlossenen Körper erhalten will. Von den verbleibenden rundlichen Körpern a) und c) hat nur das Zylindersegment c) drei Außenflächen. Auch die Längenverhältnisse scheinen hinzukommen.

2. Die „Signatur" der Faltvorlage lässt sich (von unten nach oben) bei 5 Außenflächen beschreiben durch: lang – mittel – kurz – sehr kurz – mittel. Die Anzahl an Flächen schließt bereits die ersten beiden Vorschläge aus. Da d) überhaupt keine sehr kurze Fläche aufweist, verifiziert man sehr schnell, dass c) richtig ist.

3. 5 Außenflächen, Signatur: kurz – lang – kurz – kurz – lang. Einzig a) kommt mit derart wenigen Flächen aus, die Signatur lässt sich nachvollziehen.

4. Die Vorschläge b) und c) scheiden von der Form der unregelmäßigen Fläche her sofort aus. Da diese Fläche in der Faltvorlage nur einfach vorkommt (und nicht ein zweites Mal in spiegelverkehrt), also kann man ebenso a) ausschließen und landet bei d). (Man könnte indes auch eine spiegelbildliche Variante von a) der Proportionen wegen ausschließen.)

Aufgabe 5

a) Acht mit drei roten Seiten, 12 mit zwei roten Seiten, 6 mit einer roten Seite und eine mit keiner roten Seite.

b) Acht Würfel mit keiner, 24 Würfel mit einer, 24 Würfel mit zwei und acht Würfel mit drei Farbflächen.

Aufgabe 6

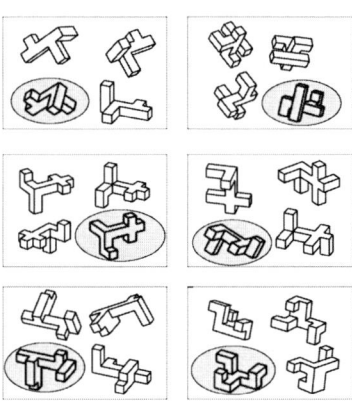

Aufgabe 7

Zum Legen von vier Dreiecken ohne Verbindung benötigt man $4 \cdot 3 = 12$ Hölzer, laut Aufgabenstellung stehen jedoch nur 6, also halb so viele, zur Verfügung. Dies ist nur möglich, wenn jedes der Hölzchen Begrenzungen von zwei Dreiecken gleichzeitig ist, wenn also an die Seite eines jeden Dreiecks eine weitere Dreieck anschließt. Solch eine geschlossene Anordnung der vier Dreiecke ist nur im Raum möglich: Die gesuchte Figur ist ein Tetraeder.

Zu dem Soma-Würfel in *Aufgabe 8* gibt es viele verschiedene Lösungen. Ihr findet bestimmt eine!

Abschnitt 1.7

NIM Zwei

a)

Begrenzt man die Anzahl der Streichholz, die man wegnehmen darf, auf 2, dann ergibt sich folgende Situation: Um das letzte Streichholz bekommen zu können, muss man auch das 10. Streichholz wegnehmen. Genauso muss man auch das 7., das 4. und auch das erste Streichholz wegnehmen. Also kann immer der gewinnen, der beginnt, wenn er geschickt spielt.

b)

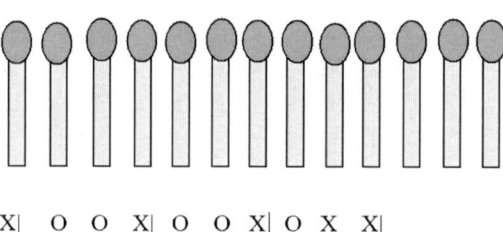

X| O O X| O O X| O X X|

Der Trick hierbei ist, dass man alles in Dreierschritten wegnehmen kann, also: Wenn der Gegner ein Streichholz nimmt nehme ich zwei (1+2=3) und wenn der andere zwei nimmt nehme ich eins (2+1=3). Wenn man jetzt „rückwärts" überlegt kommt am Ende die Lösung raus, die ihr oben seht. Wenn der erste Spieler (hier der mit dem X) am Anfang nur ein Streichholz wegnimmt, dann kann er in jedem Fall gewinnen.

Stein – Schere –Papier

Jedes dieser Materialien gewinnt jeweils nur gegen ein anderes und verliert gegen das andere:

Papier → Stein → Schere → Papier → Stein (→ heißt: gewinnt gegen)

Anders als bei den merkwürdigen Wüfeln weiss man aber nicht, für was sich der gegner entscheidet. Wir haben es also mit einem reinrassigen Stretegiespiel zu tun, bei dem man sein gegenüber einschätzen und verunsichern muss.

Übrigens: Manchmal wird als vierte Möglichkeit der Brunnen aufgenommen: Der Brunnen gewinnt allerdings sowohl gegen Stein als auch gegen Schere, was das Spielgleichgewicht durcheinander bringt. Nun geht der Bluff erst richtig los: Traut man sich den Brunnen oder Papier zu nehmen, weil diese beiden gegen je zwei andere gewinnen, Stein und Schere aber nur jeweils gegen einen anderen...

Solitär

```
01 02 03
04 05 06
07 08 09 10 11 12 13
14 15 16 17 18 19 20
21 22 23 24 25 26 27
28 29 30
31 32 33
```

Für die Lösung muss man den Löchern einen Namen geben. Hier wurden die Löcher von 1 bis 33 nummeriert. „15 − 17" bedeutet einen Sprung von 15 nach 17; 16 wird entfernt. Ein Doppelsprung wie (32 − 24 − 26) oder (01 − 09 − 11) zählt nur einmal und heißt Zug.

Es gibt viele verschiedene Lösungswege. Wir stellen euch zwei besonders kurze Lösungen vor:

1.Lösung:

$15 - 17$, $28 - 16$, $21 - 23$, $07 - 21$, $16 - 28$, $31 - 23$, $24 - 22$, $21 - 23$, $26 - 24$, $23 - 25$, $32 - 24 - 26$, $33 - 25$, $26 - 24$, $12 - 26$, $27 - 25$, $13 - 27$, $24 - 26$, $27 - 25$, $10 - 12$, $25 - 11$, $12 - 10$, $03 - 11$, $10 - 12$, $08 - 10$, $01 - 09 - 11$, $02 - 10$, $17 - 05$, $12 - 10$, $05 - 17$.

Bei dieser Lösung braucht man 31 Sprüng.

2.Lösung:

Der Weltrekord ist eine Lösung mit nur 18 Zügen von E. Bergholt aus dem Jahre 1912:

$15 - 17$, $28 - 16$, $21 - 23$, $24 - 22$, $26 - 24$, $33 - 25$, $18 - 30$, $31 - 33 - 25$, $09 - 23$, $01 - 09$, $06 - 18 - 30 - 28 - 16 - 04$, $07 - 21 - 23 - 25$, $13 - 11$, $10 - 12$, $27 - 13 - 11$, $03 - 01 - 09$, $08 - 10 - 12 - 26 - 24 - 10$, $05 - 17$.

Filomino

Es gibt in manchen Fällen mehrere richtige Lösungen. Hier jeweils eine:

a)

5	5	5	5	1	4	2
5	2	6	2	2	4	2
6	2	6	5	4	4	3
6	5	6	5	5	3	3
6	5	6	6	5	4	2
6	5	5	6	5	4	2
6	6	5	1	4	4	1

b)

1	3	6	1	6	6	6
6	3	6	5	5	5	6
6	3	6	5	2	1	6
6	2	6	5	2	3	6
6	2	6	6	1	3	1
6	6	1	4	4	3	2
3	3	3	4	4	1	2

c)

4	4	4	5	1	3	1	2	2	5
5	1	4	5	3	3	6	6	6	5
5	2	5	5	6	6	6	2	2	5
5	2	6	5	1	2	2	7	5	5
5	5	6	6	6	6	7	7	7	7
6	1	6	5	5	7	7	3	5	5
6	6	3	3	5	5	5	3	7	5
6	2	3	2	3	3	7	3	7	5
6	2	1	2	3	7	7	7	7	5
6	3	3	3	6	6	6	6	6	6

Abschnitt 1.7

Aufgabe 1

a) Differenz zw. Folgegliedern : $+1, +2, +3, \dots$ Nächste Zahlen: $16, 22, 29$

b) Differenz: $+3, +5, +3, +5, \dots$ Nächste Zahlen: $20, 25, 28$

c) Differenz: $+13, -6, +4, +13, -6, +4, \dots$ Nächste Zahlen: $34, 38, 51$

d) Schritte zw. den Zahlen: $+4, \cdot 3, +4, \cdot 3, \dots$ Nächste Zahlen: $210, 214, 642$

e) Man kommt von einer Zahl zur nächsten, indem man das Aktuelle mit 3 multipliziert und dann 2 subtrahiert. Nächste Zahlen: $244, 730, 2188$

f) Man kommt von einer Zahl zur nächsten, indem man abwechselnd das Aktuelle mit sich selbst multipliziert bzw. 5 subtrahiert. Nächste Zahlen: $11, 121, 116$

Aufgabe 2

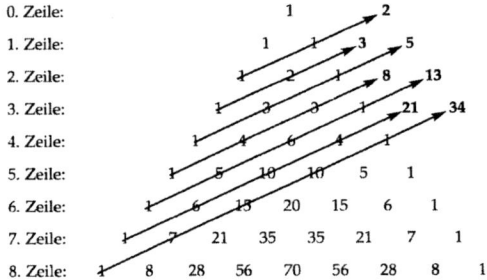

0. Zeile:	1	2	
1. Zeile:	1	1 3 5	
2. Zeile:	1 2 1 8 13		
3. Zeile:	1 3 3 1 21 34		
4. Zeile:	1 4 6 4 1		
5. Zeile:	1 5 10 10 5 1		
6. Zeile:	1 6 15 20 15 6 1		
7. Zeile:	1 7 21 35 35 21 7 1		
8. Zeile:	1 8 28 56 70 56 28 8 1		

Legt man wie in der Abbildung schräge Pfeile durch das Pascalsche Dreieck und addiert die auf einem Pfeil stehendes Zahlen auf, so erhält man als Summe eine der Fibonacci-Zahlen

Aufgabe 3

Schaut man sich die erste Zeile des linken Teils an, stellt man fest, dass das letzte Kästchen durch Zusammensetzen der ersten beiden Kästchen entsteht. Das trifft auch auf die zweite Zeile zu. Folgt man dieser Gesetzmäßigkeit, dann muss man in der dritten Zeile lediglich die ersten beiden Kästchen zusammensetzen und man erhält das Bild b) Zu dem gleichen Ergebnis kommt man, wenn man das Bild nicht zeilenweise, sondern spaltenweise betrachtet.

Aufgabe 4

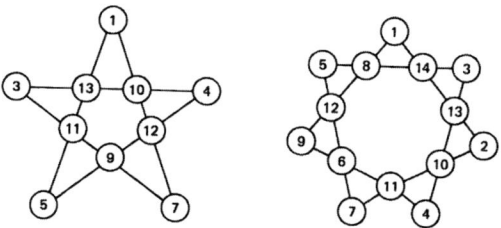

Aufgabe 5 Es gibt mehrere Lösungen, eine mögliche davon ist:

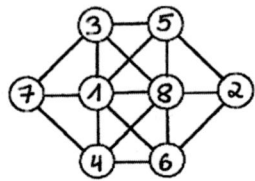

Es ist sinnvoll, die erste und die letzte Zahl, also die 1 und die 8 in die Mitte zu schreiben, da sie am weitesten auseinander liegen und die meisten Verbindungslinien besitzen. Der Rest ergibt sich dann fast von selbst. Nur ein Kreis ist nicht mit der 1 verbunden, nämlich der ganz Rest. Dort hinein muss die 2 geschrieben. Das gleiche gilt für die 8 und man erhält den Platz für die 7, nämlich ganz links. Desweiteren müssen von den übrig gebliebenen Zahlen die 3 und die 5 nebeneinander stehen, sowie die 4 und die 6, weil die Differenz sonst nicht bei beiden Paaren größer als 1 ist. Außerdem darf dir 3 nicht mit der 2 und die 6 nicht mit der 7 verbunden sein.

Anderer Anordnungsmöglichkeiten ergeben sich z.B. durch Spiegelungen oder Drehungen der obigen Figur.

Aufgabe 6

Hier kommen als nächste Zahlen die 13,17,21. Es kommen immer vier Steine dazu. Als allgemeine Formel kann man entweder $5 + 4 \cdot (n-1)$ oder auch $4 \cdot n + 1$ aufschreiben.

Abschnitt 1.8.1

Aufgabe 1: Hier kann man wieder der Größe nach aufschreiben.
Für einen Stein:

	T	H	Z
1:	1	0	0
2:	0	1	0
3:	0	0	1

Für zwei Steine:

	T	H	Z
1:	2	0	0
2:	1	1	0
3:	1	0	1
4:	0	2	0
5:	0	1	1
6:	0	0	2

Für vier Steine:

	T	H	Z
1:	4	0	0
2:	3	1	0
3:	3	0	1
4:	2	2	0
5:	2	1	1
6:	2	0	2
7:	1	3	0
8:	1	2	1
9:	1	1	2
10:	1	0	3
11:	0	4	0
12:	0	3	1
13:	0	2	2
14:	0	1	3
15:	0	0	4

Man kann Folgendes erkennen: Bei einem Stein habe ich drei Möglichkeiten, bei zwei Steinen drei mehr (6), bei drei Steinen waren es zehn (also vier mehr) und bei vier Steinen sind es 15, also fünf mehr.

Man sieht in den Tabellen auch, wo die zusätzlichen Möglichkeiten herkommen: Die oberen drei Möglichkeiten bei zwei Steinen hatte ich schon bei einem Stein, nur das an der Hunderterstelle einer mehr liegt. Dazu kommen noch die Möglichkeiten vorne keinen Stein zu haben und die Steine alle nur im Zehner- und Einerfeld zu verteilen.

Aufgabe 2

Ähnliche Regeln gibt es für sechs und neun Steine: Mit sechs Steinen kann ich nur durch drei teilbare Zahlen legen, mit neun Steinen wieder nur durch neun teilbare Zahlen.

Abschnitt 1.8.2

Aufgabe 1

Normalerweise haben Zahlen eine gerade Anzahl von Teilern, weil es zu jedem Teiler ein „Gegenüber", den sogenannten Komplementärteiler gibt: Sieben teilt 14 (Ergebnis: Zwei), der Komplementärteiler zu sieben ist also die Zwei. Bei Quadratzahlen gibt es für die Wurzel aber keinen Komplementärteiler: Fünf teilt 25, aber 25 ist eben fünfmal fünf, also gibt es hier kein „Gegenüber". Genau drei Teiler haben die Quadratzahlen von Primzahlen, nämlich die Eins, die Primzahl und das Quadrat der Primzahl.

Aufgabe 2

Die Teiler von 6 sind $1, 2, 3, 6$.
Die Teiler von 28 sind $1, 2, 4, 7, 14, 28$
Die Teiler von 496 sind $1, 2, 4, 8, 16, 31, 62, 124, 248, 496$

Bislang wenig Gemeinsamkeiten, mal abgesehen davon, dass alles gerade Zahlen sind. Schaut man die Teiler der jeweiligen Zahl genauer an, so entdeckt man durch Umdenken die Besonderheit:

$1 + 2 + 3 = 6$
$1 + 2 + 4 + 7 + 14 = 28$
$1 + 2 + 4 + 8 + 16 + 31 + 62 + 124 + 248 = 496$

Die Zahlen lassen sich also nicht nur durch ihre Teiler glatt teilen (das ist ja immer so), sie lassen sich auch als Summe aller ihrer „echten Teiler" (die kleiner als die Zahl selbst sind) schreiben.

Vollkommene Zahlen kennt man bislang sehr viel weniger als Primzahlzwillinge. Auch bei den vollkommenen Zahlen kann man bislang nicht sagen, ob es nur endlich viele oder doch unendlich viele von ihnen gibt.